Right to Know Right to Choose

생명공학 소비시대 알 권리 선택할 권리

한국인 식탁에 등장하는 GMO와 복제 쇠고기를 둘러싼 쟁점

ⓒ 김훈기, 2013. Printed in Seoul, Korea.

초판 1쇄 찍은날 2013년 1월 24일 | **초판 5쇄 펴낸날** 2022년 1월 14일

지은이 김훈기 | **펴낸이** 한성봉
편집 이현실 | **디자인** 김숙희 | **마케팅** 박신용 | **경영지원** 국지연
펴낸곳 도서출판 동아시아 | **등록** 1998년 3월 5일 제1998-000243호
주소 서울시 중구 퇴계로30길 15-8 [필동1가 26]
블로그 blog.naver.com/dongasiabook | **전자우편** dongasiabook@naver.com
페이스북 www.facebook.com/dongasiabooks | **트위터** www.twitter.com/dongasiabooks
전화 02) 757-9724, 5 | **팩스** 02) 757-9726

ISBN 978-89-6262-063-4   93470

생명공학 소비시대
알 권리 선택할 권리

한국인 식탁에 등장하는 GMO와 복제 쇠고기를 둘러싼 쟁점

김훈기 지음

동아시아

국내 소비자에게 생명공학이 적용된 낯선 식품들이 속속 다가오고 있다. 이미 우리가 16년간 먹어온 GMO는 점차 그 양이 많아지면서 새로운 기능을 갖춘 모습으로 등장할 전망이다. 또한 복제 동물 또는 그 후손에서 얻은 살코기와 우유가 우리 식탁을 넘보고 있다. 조만간 미국에서 보통의 연어보다 성장 속도가 훨씬 빠른 '슈퍼연어'가 식품으로 허가될지도 모른다. 물론 이러한 새로운 식품은 과학적으로 인체나 환경에 위험하지 않다는 판정을 받았다. 하지만 국내뿐 아니라 세계적으로 안전성 논란은 끊이지 않고 있다.

이런 가운데 우리 정부는 GMO를 수입하는 단계를 넘어 그동안 축적된 기술 역량을 바탕으로 향후 GMO 수출 강국으로 성장하겠다고 발표했다. 국내 과학기술계에서는 외국처럼 복제 동물을 식품으로 활용하려는 연구 개발을 진행하고 있고, 정부도 이에 따른 적절한 규제책을 마련하고 있다. 미국에서 슈퍼연어의 판매가 허용되면, 그동안 국내에서 개발돼온 외래 유전자 삽입 동물 역시 판매를 위한 절차에 돌입할 수 있다.

그럼에도 국내 소비자에게 이러한 민감한 소식은 실감 나게 전해지지 않는 듯하다. 가령 GMO에 대해서도 일부 소비자와 시민 단체가 많은 노력을 기울이며 문제 제기를 하고 있지만 관련 사건이 터질 때만 잠시 사회적 공론화가 이뤄지는 형편이다. 몇 년 안에 국내에서 GMO를 재배할 계획을 추진 중이라는 사실도 잘 알려지지 않았다. GMO를 수입하던 때와 달리 GMO를 재배한다면 소비자의 우려감은 더욱 커질 전망이지만, 이 사안에 대한 사회적 논의는 현저히 부족하다. 복제 동물 식품이나 외래 유전자 삽입 어류에 대한 소식 역시 우리와 상관없는 다른 나라의 이야기 정도로 느껴질 정도이다.

국내에는 정부의 안전성 판정에 대해 소비자 또는 시민의 입장에서 문제 제기를 할 수 있는 절차가 마련돼있다. 주변 논밭에서 혹시라도 GMO를 발견한다면 신고할 수 있는 정부의 웹사이트도 있다. 하지만 이런 사실을 알지 못하는 경우가 많고, 안다 해도 전문 용어로 가득한 심사 서류 내용이나 관련 정보를 제대로 이해하기는 어려워 보인다.

GMO가 그랬듯 새롭게 개발되고 있는 생명공학 식품은 우리가 미처 의식하지 못하는 사이에 이미 식탁에 올라와버릴 가능성이 있다. 상황을 파악하고 현실에 대처하기에는 시간이 많지 않다.

이 책은 이 같은 문제의식에서 출발했다. 생명공학 식품의 개발에 관한 최근의 소식과 논의를 정리해 소비자 입장에서 고민하고, 해결책을 모색할 필요성을 더 많은 사람과 공감하고 싶었다. 물론 그동안 국내에서 GMO와 복제에 관한 여러 서적이 출판됐다. 하지만 한국의 상황과 소비자에게 직접 와 닿는 생명공학 이야기를 찾기는 쉽지 않았다.

GMO와 복제 동물 식품에 대해 정리하면서 새삼 현대 과학기술 제품이 갖는 특징을 확인할 수 있었다. 그중 한 가지는 위험이 예측되지 않는다는 점이다. 아직 관련 사건이 발생하지 않았고, 현재의 과학기술로 위험에 대한 예측이 가능할지 모르지만 앞으로 위험에 관한 새로운 사실이 발견될 가능성은 여전히 남아있다. 안전성에 대한 과학적 논란은 현재 진행 중이고, 미래에도 계속 진행될 것이다.

다른 한 가지는 위험의 대상인 제품이 소비자 눈에 잘 띄지 않는다는 사실이다. GMO는 대부분 실물이 아닌 가공식품의 형태로 시장에 선보이고 있고, 가축에 공급되는 사료는 소비자에게 직접 와 닿지 않는다. 게다가 현재 시행되고 있는 GMO 표시제는 GMO를 원료로 한 모든 식품에 적용되고 있지 않다. 만일 국내에서 슈퍼미꾸라지가 상용화돼 추어탕 재료로 쓰인다면 소비자가 그 사실을 알아차리기 어렵다. 복제 동물 역시 살코기와 우유로 판매되기 때문에 상황이 비슷하다. 더욱이 복제 동물은 GMO와 달리 표시제가 시행되지 않는 분위기가 지배적이다.

GMO와 복제 동물 연구는 계속 진행되고 있다. 생명공학 시대에 소비자는 어떤 입장을 갖고 식품을 선택해야 할까. 필자의 역량으로 이 질문에 대한 해답을 제시하기에는 무리이다. 다만 함께 고민하기 위한 기초자료를 제공한다는 데 책 발간의 의미를 부여했다.

이 책은 크게 세 개 부로 구성했다. 1부에서는 이미 세계인의 식탁에 오른 GMO에 대한 최근까지의 소식과 논의 동향을 정리했다. 일반적인 이야기보다는 그동안 국내에 수입돼온 GMO의 현황, GMO의 환경 방출 사건 등 한국의 상황에 초점을 맞추고자 했다. 그리고 GMO의 안전성에 대해 향후 소비자들이 판단을 내릴 때 조금이나마 도움이 될 수 있도록 국내 수입이 승인된 품목에 대한 심사 서류를 예시하면서 전문 용어를 풀이해보려고 나름대로 시도했다. 아울러 그동안 수입국의 위치에 있던 한국이 수출국으로 바뀐다면 어떤 새로운 쟁점이 등장할 수 있는지를 살펴봤다. 비단 소비자뿐 아니라 농업 생산자, 나아가 한국의 농업 구조에 큰 영향을 미칠 수 있는 사안이라고 생각한다.

2부에서는 서구 사회에서 이미 식탁에 오른 것으로 짐작되는 복제 동물 식품에 대해 다뤘다. 복제 양 돌리가 태어났을 때만 해도 복제 동물은 식용보다는 난치병 치료제 개발을 위한 연구용으로 활용될 것으로 전망됐다. 하지만 어느 순간 복제 소의 고기가 미국과 유럽의 소비자에게 전파되고 있다는 소식이 들린다. 아직 국내에 외국산 복제 소의 고기가 들어오고 있다는 소식은 접하지 못했다. 다만 국내에서도 식용 복제 소를 개발하고 있는 추세를 볼 때 굳이 외국산이 아니더라도 한국의 소비자 식탁에 복제 쇠고기가 오를 날이 머지않은 듯하다. 복제 쇠고기는 정말 먹어도 괜찮을까. 더욱이 외국에서 수행되는 식용 복제 소에 대한 안전성 연구는 살코기와 우유에 한정돼있다. 한국인은 사골이나 내장탕 역시 즐겨 섭취한다. 하지만 복제 소의 뼈나 내장을 먹었을 때 안전한지에 대한 연구가 진행된 바가 없다. 한국 정부와 과학기술계가 과연 복제 동물 식품에 대해 어떤 판단을 내릴지 주목할 필요가 있다.

3부에서는 소비자의 판단을 점점 어렵게 만드는 생명공학 분야의 새로운 기술과 제품을 소개했다. 외래 유전자가 삽입된 슈퍼연어를 둘러싼 논란, 그리고 GMO의 '낡은' 정의를 두고 문제를 제기하고 있는 유럽 과학기술계의 주장을 정리했다. 외국에서 이와 관련된 논의를 진행하고 있는 추세를 볼 때 머지않아 새로운 생명공학 식품이 세계 시장에 등장할 것으로 예상된다.

마지막으로 부록에서는 1998년 11월 국내에서 처음으로 합의회의를 통해 GMO에 대한 시민의 입장을 개진한 요약 보고서를 게재했다. GMO가 국내에 수입되던 초창기에 시민들이 자발적으로 참여해 진지한 토론을 거치면서 GMO의 문제점을 지적하고 정부와 개발자에 대해 정책 권고안을 제시한 내용이다. 국내에서 현재와 미래에 GMO를 포함해 새로운 생명공학 식품이 등장할 때 시민의 입장에서 고려해야 할 내용이 잘 제시돼있다.

최근 GMO의 안전성을 둘러싼 굵직한 사건 두 가지가 터졌다. 2012년 8월 중국 어린이들을 대상으로 하여 황금미의 기능을 확인하는 생체 실험을 거쳐 연구 논문이 발표됐다. 안전성 판정이 나기도 전에 유례없이 인체 실험이 이뤄졌다는 사실은 한마디로 충격이었다. 그리고 같은 해 9월 프랑스 연구진이 장기간의 동물실험 결과 GMO가 인체에 위험할 가능성을 강하게 시사하는 연구 논문을 발표했다. 이에 대한 반박 역시 과학기술계에서 즉각 이뤄져 한동안 논란이 계속될 전망이지만, GMO의 안전성을 판단할 때 지금보다 엄격한 실험 결과가 필요하다는 점을 알려준 사건이었다.

하지만 국내에서는 이런 소식이 매스컴을 통해 잠깐 전해졌을 뿐 이내 묻혀버렸다. 한국 소비자와 별로 관련이 없어 보였기 때문일 것이다. 그러나 사실은 그렇지 않다. 프랑스 연구진이 실험한 GMO 품목은 한국인

이 이미 먹고 있는 종류였다. 또한 국내에서도 황금미를 비롯한 GM 벼 연구가 한창이다. 한국의 소비자가 고민하고, 정부와 과학기술계에 문의해 답을 들어야 할 대목이다. 물론 정부와 과학기술계가 먼저 소비자에게 알려줄 필요가 있다.

이 책에 실은 정보 중 많은 부분을 한국바이오안전성정보센터의 홈페이지와 발간물에서 얻었다. 국내에서 GMO에 대한 정보를 가장 공신력 있게 제공하고 있는 기관이다. 특히 센터의 김기철 정책팀장은 GMO에 대한 기초 지식에서 최신 외국의 동향까지 필자에게 세세하게 설명해줬고, 이 책의 초고를 흔쾌히 검토해줬다. 올해 초 과천 도시농부 교육과정에서 만난 유기농의 고수들과 현재 텃밭을 함께 가꾸고 있는 이웃들은 책을 집필하며 어려움에 처할 때마다 포기하지 않도록 말없이 독려해준 존재였다. 이 책에서 일부 용어에 대한 개념 설명 부분은 필자가 2000년에 발간한 《유전자가 세상을 바꾼다》(궁리)에서, 그리고 국내외 현황에 대한 일부 내용은 2011년 과학기술정책연구원STEPI의 원외 소액 공모 과제 지원으로 작성한 보고서 〈생명공학 기술혁신과 소비자의 수용성〉에서 가져왔다. 도움을 주신 모든 분께 깊이 감사드린다. 아울러 필자의 문제의식을 흔쾌히 받아주고 책의 초고 단계에서 최종 집필까지 세세한 배려를 아끼지 않은 한성봉 사장님과 박현경 편집주간님 등 동아시아 출판사의 모든 분께 감사의 말씀을 드린다. 가장 가까운 곳에서 변함없이 필자를 지켜주고 있는 아내 박인경과 재롱둥이 누리에게 사랑하는 마음을 전한다.

2013년 김훈기

제 1 부

GM 농산물과
국내 소비자

66 우리나라에 수입되고 있는 식용 옥수수 가운데 몇 퍼센트 정도가 GM 옥수수일까? 2011년에는 절반이 GM 옥수수에 해당했다. 2011년 기준으로 수입된 식용 옥수수 208만 3,000톤 가운데 GM 옥수수는 102만 5,000톤으로 집계됐다. 수입되는 식용 콩 가운데 GM 콩은 4분의 3을 차지하고 있다. 2011년 식용 콩은 112만 7,000톤 수입됐으며, 이 가운데 85만 톤이 GM 콩이었다. **99**

CHAPTER 1

16년간 우리 식탁에
오른 GM 농산물

과학 용어도 상당히 정치적이다. GMO가 그렇다. 한국 소비자에게 GMO라는 용어는 이제는 상당히 익숙하다. 이미 오래전부터 한국인이 GMO를 먹고 있다는 사실과 그에 따른 우려가 매스컴을 통해 많이 전달됐기 때문이다.

비교적 널리 통용되고 있는 용어인 GMO의 영문 전체 이름은 'Genetically Modified Organism'이다. 이를 두고 우리나라 정부와 개발자는 주로 '유전자 변형 생물체' 또는 '유전자 재조합 생명체'라고 부른다. 이에 비해 소비

◀ 환경 단체 그린피스는 GMO에 대한 반대 입장을 취하고 있다. ⓒ greenpeace.org
▶ 농업 생물공학 기업 몬산토는 GMO 개발에 적극적이다. ⓒ monsanto.com

자나 시민 단체는 '유전자 조작 생물체'라고 칭한다. '변형'이나 '재조합'은
다소 객관적이고 과학적으로 느껴지지만 '조작'은 어떤 음모나 나쁜 의도
가 담겨있다는 의미로 다가온다. 그래서 같은 용어를 두고 찬성과 반대
견해에 따라 표현이 달라진다.

GMO에 대한 영어 명칭도 견해 차이에 따라 다르게 사용되고는 한다.
한때 서구 사회에서 GMO를 반대하는 사람들은 'Modified' 대신 우리말
'조작'에 가까운 용어인 'Manipulated'를 사용했다(김은진, 2009). 이에 비해
GMO 최대 강국인 미국의 개발자 또는 매년 GMO의 세계적인 재배 통
계를 발표하고 있는 국제농업생명공학정보센터ISAAA, Interantional Service for the
Acquisition of Agri-biotech Applications라는 단체는 'Biotechnology Product생명공학 제품'
또는'GEOGenetically Engineered Organism'라는 용어를 곧잘 사용한다. 국제 협약
에서는 GMO 대신 'LMOLiving Modified Organism'라는 용어를 통용하고 있다.
LMO는 GMO에 비해 '살아있는living' 생명체임을 강조하기 위해 사용하는
용어이다.

이처럼 표현이 다양하다 해도 사실은 모두 같은 것을 가리킨다. 이 책에서는 편의상 영어 명칭인 GMO라는 용어를 사용한다. 그리고 GMO의 주체가 농산물(동물)일 경우 GM 농산물(동물), GMO가 원료로 사용된 식품을 GM 식품이라 칭한다.

GMO라는 용어에서 핵심 단어는 유전자이다. 어떤 생명체에 특정 기능을 발휘하는 유전자를 인위적으로 삽입했을 때, 그 생명체를 GMO라고 부른다. '게놈 프로젝트Genome Project'를 통해 유용한 유전자를 대거 발굴하기 위한 작업이 진행되고 있다. 게놈은 유전자gene와 염색체chromosome 두 단어를 합성해 만든 말로서, 생물에 담긴 유전 정보 전체를 의미한다. 인간의 예를 들어 그 의미를 알아보자.

유전자는 우리 몸의 어디에 존재할까. 바로 세포이다. 인체는 수조 개의 세포로 이뤄져 있다. 각 세포의 핵에는 한 쌍의 성염색체(여성은 XX, 남성은 XY)를 포함한 스물세 쌍의 염색체가 존재한다. 염색체를 구성하고 있는 주요 성분이 이중나선 모양의 DNA이다.

유전자의 비밀은 DNA에 담겨있다. DNA는 A아데닌, C시토신, G구아닌, T티민라는 네 가지 염기를 가지고 있다. 이 가운데 아데닌은 티민과, 구아닌은 시토신과 화학 결합을 이룬다. DNA는 이런 염기끼리의 결합으로 두 가닥이 서로 붙어 나선형으로 꼬여있는 형태이다.

사람의 염기는 대략 30억 개이다. 이 염기의 배열이 왜 중요할까. DNA의 염기 배열 정보는 DNA와 구조가 비슷한 또 다른 유전 물질인 RNA로 전달된다. RNA의 염기 세 개에 맞춰 아미노산 하나가 만들어진다. 아미노산은 인체에서 다양한 생리 현상을 주관하는 단백질의 기본 단위이

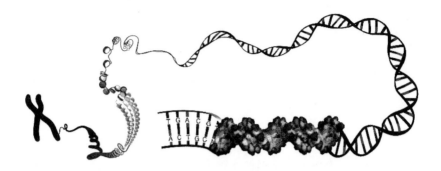

| DNA의 분자 구조. 인간의 염색체는 이중나선 구조를 갖는 DNA로 구성된다. 그리고 DNA에는 A, G, C, T라는 네 가지 종류의 염기가 존재하며, 항상 A는 T와, C는 G와 결합한다. 인간 게놈 프로젝트는 30억 개의 염기쌍이 어떤 순서로 배열됐는지 밝히는 작업이었다. ⓒNHGRI

다. 따라서 DNA의 염기 배열에 따라 궁극적으로 어떤 단백질이 만들어지는지 결정된다. 현재 염기 배열만 알면, 즉 염기 세 개의 성분이 무엇인지 알면 어떤 아미노산 한 개가 만들어지는지 밝혀졌다. 이런 의미에서 DNA의 염기 배열을 가리켜 '생명의 설계도'라고 부른다. 그리고 2003년 인체의 30억 개 염기 서열을 알아내는 작업을 완료했다. 이 작업이 '인간 게놈 프로젝트'이다.

그런데 30억 개의 염기가 모두 단백질을 만들어내는 것은 아니다. 현재까지 알려진 인간의 단백질 종류는 약 10만 개에 달한다. 그런데 이 단백질을 만드는 염기의 수는 30억 개의 3%에 불과할 뿐이다. 나머지 97%는 어떤 기능을 하는지 거의 알려지지 않았다. 흔히 "유전자가 몇 개이다"라고 말할 때의 '유전자'는 바로 단백질을 만드는 3%의 DNA를 의미한다.

게놈 프로젝트는 세계적으로 엄청난 규모로 진행돼왔다. 전 세계 게놈 프로젝트의 정보를 공개하는 웹사이트 골드GOLD, Genomes OnLine Database, www.

생명공학 소비시대 알 권리 선택할 권리

genomeonline.org에 따르면 2012년 9월까지 무려 3,705종의 생명체에 대한 염기 서열이 밝혀졌다. 이 가운데 미생물(박테리아와 고세균)은 3,522종이고, 동물과 식물은 183종이다. 게놈 프로젝트가 진행 중인 대상은 1만 4,595종이다. 게놈 프로젝트를 통해 발굴된 유전자의 수도 엄청날 것으로 예상된다. 이들 유전자 가운데 인간에게 유용하다고 판단되는 유전자를 골라 생명체에 삽입하면 새로운 GMO가 만들어진다.

극단적인 사례가 인간의 유전자를 넣은 쌀이다. 2005년 4월 일본의 연구진이 인간 유전자를 삽입한 GM 벼를 개발하고 있다는 소식이 외신을 통해 소개됐다. 사람의 간에서 독성을 잘 분해하는 유전자를 골라 벼에 삽입한 후, 이 벼에 다양한 제초제를 뿌렸을 때 벼가 제초제를 잘 분해한다는 연구 결과가 나왔다. 당연히 소비자는 제초제가 덜 함유된 벼를 선호할 것이다. 하지만 인간의 유전자를 넣었다는 사실이 일단 원초적으로 거부감을 느끼게 한다. 최근에는 미국의 생명공학 회사가 어린이 만성설사를 치료하는 신약 개발 명목으로 GM 벼를 대량 재배하고 있다는 소식도 들린다.

이 같은 충격적인 소식은 한국 소비자에게 GMO에 대한 우려감을 증폭시키고 있다. 하지만 GMO 문제를 고민하려면 일단 현 단계 한국의 상황에서 출발할 필요가 있다. 세계적으로 벌어지고 있는 수많은 GMO 관련 사건은 한편으로 우리 현실을 실감하는 데 자극제 역할을 하지만, 다른 한편으로 한국의 상황을 찬찬히 따져보고 구체적인 대안을 모색하는 데 걸림돌이 될 수도 있기 때문이다.

그래서 먼저 한국의 소비자가 궁금해하거나 혼동할 만한 몇몇 주제를

Q&A 형식으로 정리했다. 필자가 GMO에 대해 강연을 할 때 종종 받은 질문과 인터넷에서 누리꾼들이 곧잘 제기하고 있는 문제 가운데 비교적 중요하다고 판단되는 내용을 선택했다.

방울토마토와
씨 없는 수박은 GMO일까

아니다. 방울토마토와 씨 없는 수박은 교배를 통한 육종으로 등장했다.

물론 육종으로 만들어진 새로운 토마토나 수박 역시 원래의 토마토나 수박과 비교하면 유전자가 변형된 것은 사실이다. 육종은 생물분류학에서 비슷한 종류, 즉 같은 種, Species이나 屬, Genus에 속하는 식물끼리 인위적으로 교배하는 방법이기 때문이다.

하지만 우리가 흔히 알고 있는 GMO, 즉 GM 농산물은 육종으로 만들어진 식물과 차원이 다르다. 종과 속을 뛰어넘어 생물분류학상으로 훨씬 멀리 떨어져 있는 종류의 유전자는 물론이고, 동물과 미생물의 유전자도 인위적으로 삽입된 식물이 GMO이다. 당연히 인간의 유전자도 삽입될 수 있다.

방울토마토와 씨 없는 수박은 물론 국내에서 개발돼 귀에 익은 슈퍼옥수수와 인공씨감자도 GMO가 아니다. 상점의 채소나 과일 매장에서 볼 수 있는 형형색색 다양한 크기의 농산물도 모두 GMO가 아니다. 다만 2013년 1월 '현재' 그럴 뿐이다. 국내 시장에 GMO가 유통되기 위해서는

생명공학 소비시대 알 권리 선택할 권리

정부 산하 심사위원회의 승인을 받아야 한다. 그리고 승인받은 GMO의 종류는 한국바이오안전성정보센터 홈페이지www.biosafety.or.kr에 계속 공지되고 있다.

한국바이오안전성정보센터에 따르면 2012년 11월까지 국내에서 승인을 거쳐 공식 유통되는 GMO의 종류는 다섯 가지이다. 콩(대두), 옥수수, 면화(목화), 유채(카놀라), 사탕무가 그것이다. 이 다섯 가지 외에 알팔파와 감자, 그리고 옥수수와 유채 일부는 과거에 승인된 적이 있지만 이후 수입이 중단됐다. 수입이 중단된 이유는 상업성과 소비자 선호도 등의 문제로 현지에서 상업적 재배가 이뤄지지 않았거나 중단됐기 때문이다. 만일 수입이 중단된 GMO의 상업적 재배가 다시 이뤄져 수입되려면 새롭게 승인을 받아야 한다.

채소류나 과일류 GMO 역시 승인을 받으면 언제든지 유통될 수 있다. 다만 지금까지의 추세로 볼 때 당분간 채소류나 과일류를 승인받기 위해 신청할 것 같지는 않다.

현재까지 다섯 가지 GMO에 포함된 유전자는 모두 미생물에서 왔다. 동물이나 인간의 유전자는 들어있지 않다. 그리고 이들 유전자의 기능은 대부분 두 가지에 해당한다. 제초제를 뿌려도 잘 견디는 기능(제초제 내성 또는 저항성), 그리고 작물을 해치는 해충을 없애는 기능(살충성 또는 해충 저항성)이다.

GMO 하면 흔히 토마토를 떠올리기 쉽다. 사실 최초로 상업화된 GM 농산물은 1994년 미국에서 개발된 '무르지 않는 토마토'이다. 그래서 흔히 GMO의 원조를 표현할 때 토마토를 거론하고, 이 때문에 사람들에게

GM 토마토라는 말이 익숙할 수 있다. 하지만 무르지 않는 토마토는 몇 년 후에 미국 시장에서 모두 사라졌다. 이후 외국에서 GM 토마토를 개발한 사례는 있지만 아직 시장에 상품으로 등장하지는 않았다고 한다.

국산 GM 농산물이 있을까

없다. 국내에서 유통되는 GM 농산물은 모두 외제이다. 다만 이 역시 2013년 1월 현재 그럴 뿐이다. 국산 GM 농산물이 등장하려면 국내에서 상업적 재배가 이뤄져야 한다. 이를 위해서는 정부 산하 심사위원회의 승인을 받아야 하는데, 아직 승인을 받은 국산 GM 농산물은 없다.

하지만 승인을 신청한 사례는 있다. 농산물이 아니고 잔디이다. 2007년 12월 5일 제주대학교는 제초제 내성을 갖도록 외래 유전자를 삽입한 GM 잔디JEJU GREEN 21의 재배에 대한 승인을 신청했다(지식경제부 외, 2011: 128-129). 제초제를 뿌렸을 때 주변 잡초는 제거되지만 잔디는 내성 때문에 살아남는다는 원리가 담겨 있다. 하지만 2009년 7월 6일 이 잔디는 심사위원회에서 부적합 판정을 받았다. 이후 2010년 제주대학교는 다시 신청을 했고, 최근까지 심사는 진행 중이다. 만일 제주대학교의 GM 잔디가 승인을 받는다면 국내에서 GM 잔디의 상업적 재배가 이뤄진다는 것을 의미한다. 마찬가지로 국내 GMO 개발자가 GM 농산물의 승인을 요청해 합격 판정을 받는다면 그때부터 국산 GM 농산물의 상업적 재배가 시작되는 것이다.

우리나라에서 GM 농산물이 아직 재배되지 않는 것은 우리 정부 또는 사회가 GMO를 반대하기 때문이 아니다. 개발자의 신청과 심사위원회의 승인이 이뤄지지 않았음을 의미할 뿐이다.

한편 국내에서 GMO의 상업적 재배는 이뤄지지 않았지만, 전 단계인 연구용 재배는 활발하게 이뤄지고 있다. 국내 GMO 개발자들은 GM 농산물의 상업화를 위해 심사위원회의 승인에 필요한 과학적 자료를 계속 축적하고 있다. 연구용 재배는 과학적 자료를 얻기 위해 필수적으로 거쳐야 할 과정이다.

외국의 GM 농산물 종자는 국내에서 자라고 있을까

답변이 어렵다. 외국의 GM 농산물 종자는 현재까지 국내 심사위원회에 신청된 적이 없다. 따라서 공식적으로 국내 경작지에서 자라는 외국의 GM 종자는 없다. 하지만 이와 무관하게 승인을 거쳐 수입되고 있는 GM 농산물이 국내 경작지 곳곳에서 자라고 있다는 사실이 2010년에 밝혀졌다.

우리나라의 농업 생산자나 도시 농부라면 한 번쯤 국내에서 누군가 GM 농산물을 키우고 있다는 소문을 들어본 경험이 있을 것이다. 이는 사실과 다르다. 국내에서 유통되고 있는 농산물의 종자는 모두 GMO가 아니다. 만일 승인되지 않은 GM 종자를 국내에서 심고 있다면 그것은 불법에 해당한다.

그러나 누구도 의도하지 않았지만 국내 농토에서 자라는 GM 종자가 생기기 시작했다. 그 규모가 얼마인지, 주변 생태계에 어떤 영향을 미치고 있는지에 대해서는 일반인에게 알려지지 않았다.

한국,
GM 농산물 수입국 세계 2위

한국은 세계에서 다섯 번째로 GM 농산물 승인 건수가 많은 나라이다. GM 농산물 재배국을 제외한 수입국 가운데서는 2위를 차지한다.

국제농업생명공학정보센터에 따르면 2011년 GM 농산물을 재배하는 국가는 29개국, GM 농산물을 수입하는 국가는 31개국이다. 세계 60개국의 소비자가 정부의 승인 아래 GM 농산물을 섭취하고 있다는 의미이다. GM 농산물의 종류는 25개이다. 그리고 같은 종류에 속하든 다른 종류이든 유전자 변형을 거쳐 생산된 종자를 의미하는 '이벤트'의 수는 196개이다.

정부의 승인을 받은 이벤트의 수가 가장 많은 나라는 미국이다. 뒤이어 일본, 캐나다, 멕시코, 한국, 오스트레일리아, 필리핀, 뉴질랜드, 유럽연합, 타이완의 순이다. 승인 건수를 기준으로 보면 한국은 세계 5위이다. 그리고 미국, 캐나다, 멕시코가 GM 농산물 재배국이므로, 수입국 가운데서는 한국이 일본에 이어 두 번째로 정부의 승인을 받은 이벤트가 많은 나라이다.

한국인은 언제부터
GM 식품을 먹었을까

1996년으로 추정된다. 1996년은 미국의 다국적기업 몬산토 사가 GM 콩, 스위스의 다국적기업 노바티스 사가 GM 옥수수를 상업적으로 재배하기 시작한 해이다. 즉 한국은 GM 농산물이 생산된 바로 그해부터 수입을 시작한 것으로 추정된다.

여기서 '추정'이라는 표현을 쓴 이유는 당시는 우리나라 정부가 GMO의 수입에 대해 공식 집계를 내지 않던 시기이기 때문이다. 하지만 정확한 양을 모를 뿐 정부도 당시부터 GM 농산물이 수입됐을 것으로 판단하고 있다. 예를 들어 2003년도에 발간된 《바이오안전성백서》에는 1996년부터 국내 GMO 수입 추정량을 계산해 표시해놓았다(지식경제부 외, 2003). 이에 따르면 1996년 한국은 미국으로부터 GM 콩과 옥수수를 수입하기 시작했다.

한국에서 GMO가 사회 문제로 크게 부각된 때는 1999년 11월이었다. 당시 한국소비자보호원(현 한국소비자원)의 연구진은 국내에서 시판되는 두부 스물두 개 제품에 대해 GM 콩을 재료로 사용했는지 조사했다. 그 결과 스물두 개 제품 가운데 무려 열여덟 개 제품에서 GM 콩 성분이 검출됐다. 더욱 놀라운 사실은 '국산 콩'을 사용했다고 표시한 유명 제품 두 가지에서도 GM 콩 성분이 검출됐다는 점이었다. 이후 이 사건은 해당 제품 회사가 한국소비자보호원을 상대로 소송을 거는 것으로 이어지기도 했다.

한국에 수입되는
식용 콩의 75%가 GM 콩

한국바이오안전성정보센터 홈페이지에 게시된 국내 GM 농산물은 크게 네 가지 용도로 구분돼있다. 식용, 사료용, 재배용, 기타 등이다. 이 가운데 현재까지 수입된 GM 농산물의 용도는 모두 식용과 사료용이다. 재배용 GMO는 국내 재배를 위해 수입된 GM 종자를 의미한다.

흔히 GM 농산물의 용도 가운데 가공용이란 별도의 표현이 나오는데, 한국바이오안전성정보센터에서 가공용은 식용과 사료용 모두에 속하는 개념이다. 즉 GM 농산물 자체나 이를 가공한 식품이 사람을 대상으로 만들어진다면 식용, 가축이 대상이라면 사료용으로 표현한다.

식용 GMO는 그동안 얼마나 승인됐을까? 한국바이오안전성정보센터에 따르면 2012년 10월까지 국내에서 승인된 식용 GM 농산물의 종류는 콩(9건), 옥수수(45건), 면화(15건), 유채(6건), 알팔파(1건), 사탕무(1건), 감자(4건) 등이다. 사료용 GM 농작물은 콩(12건), 옥수수(43건), 면화(17건), 유채(6건), 알팔파(1건) 등이다.

승인 이후 실제로 수입된 GM 농산물의 양은 얼마나 될까. 관련 자료를 보면 식용 GM 농산물은 2001년 7월 13일부터 수입 현황이 제시되고 있다. 그 이전까지는 수학적 계산을 통해 얻은 추정치이다. 사료용 GM 농산물은 2007년까지 추정치가 제시돼있다.

한국바이오안전성정보센터에 따르면 2011년 식용 GM 농산물은 187만 5,000톤이 수입됐다. 모두 옥수수와 콩이다. 우리나라에 수입되고 있는 식용 옥수수 가운데 몇 퍼센트 정도가 GM 옥수수일까? 2011년에는 절반(약 49%)이 GM 옥수수에 해당했다. 2011년 기준으로 수입된 식용 옥수수 208만 3,000톤 가운데 GM 옥수수는 102만 5,000톤으로 집계됐다. 수입되는 식용 콩 가운데 GM 콩은 4분의 3(약 75%)을 차지하고 있다. 2011년 식용 콩은 112만 7,000톤 수입됐으며, 이 가운데 85만 톤이 GM 콩이었다(한국바이오안전성정보센터, 2012. 4: 69).

한국은 식용 GM 농산물을 어느 국가로부터 얼마나 수입할까? 해매다 약간의 차이가 있다. 2011년에 GM 옥수수는 미국(92만 톤), 남아프리카공화국(4만 7,000톤), 기타(5만 8,000톤) 순으로 많은 양이 수입됐다. 그리고 GM 콩은 브라질(39만 5,000톤), 미국(29만 4,000톤), 기타(16만 톤) 순으로 많은 양이 수입됐다.

사료용 GM 농산물은 어떨까? 2011년 수입된 사료용 GM 농산물은 597만 8,000톤이었다. 그중 대부분이 옥수수, 면화, 콩이었다. 옥수수가 584만 7,000톤으로 압도적으로 많았고, 면화 13만 톤, 콩 500톤 등이 뒤를 이었다. 사료용 GM 유채 씨앗은 0.9톤 정도 수입됐다.

수입되고 있는 사료용 옥수수 가운데 몇 퍼센트 정도가 GM 옥수수일까? 2011년 기준으로 수입되는 사료용 옥수수의 거의 100%가 GM 옥수수에 해당한다.

사료용 GM 농산물의 수입량을 2011년 기준으로 국가별로 보면 GM 옥수수는 미국(507만 6,000톤), 남아프리카공화국(74만 9,000톤), 기타(2만 2,000톤) 순으로 많이 수입됐다. GM 면화는 오스트레일리아(7만 5,000톤), 미국(5만 2,000톤), 기타(3,000톤) 순으로, GM 콩은 브라질(400톤), 미국(100톤) 순으로 많은 양이 수입됐다.

GM 옥수수와 콩은 어떤 모습으로
소비자에게 판매되고 있을까

식용 GM 농산물은 대부분이 원래 모습이 유지된 채 판매되지 않는다. GM 옥수수와 콩은 우리가 떠올릴 수 있는 옥수수와 콩의 모습이 아니라 다양한 과정을 거치면서 가공돼 판매되고 있다. 국내에서 재료를 수입해 직접 가공하는 경우도 있고, 아예 외국에서 가공된 제품을 수입하는 경우도 있다. 앞에서 제시된 통계는 가공돼서 수입되는 제품을 제외하고, 살아있는living 상태의 원료의 양을 계산한 값이다.

한국에 수입되는 GM 옥수수는 대부분 전분과 전분으로 만든 감미료의 총칭인 전분당(과당, 물엿, 올리고당 등)으로 사용된다고 알려져 있다. 소비자에게 익숙한 상품으로 따져보면 그 종류가 상당히 많다. 빵, 과자, 음료, 빙과, 스낵, 소스, 유제품 등이다. 전분과 전분당을 제외한 나머지는 옥수수차, 팝콘과 뻥튀기, 시리얼 등에 사용된다. 물론 이들 재료와 상품이 가공된 채 수입되는 경우도 있다.

이에 비해 GM 콩은 거의 모두(99% 이상) 콩기름 제조에 이용된다. 한국바이오안전성정보센터(2012. 4: 70-71)에 따르면 수입 콩 가운데 GM 콩이 아닌 일반 콩은 직접 판매되거나 두부, 두유, 메주, 된장, 간장, 콩나물에 사용되고 있다. 1999년 국내에서 문제가 됐던 두부에는 최근에는 GM 콩을 사용하지 않고 있다.

여기서 한 가지 짚고 넘어갈 점이 있다. 소비자에게 낯익은 또 다른 식용유로 카놀라유가 있다. 카놀라유는 콩이 아니라 유채의 한 종류에서 씨앗을 원료로 삼아 만든 식용유이다. 여기에 사용되는 유채는 1970년대 캐나다에서 식용으로 품종이 개량된 유채이다. 이전까지의 유채는 에루크산erucic acid이라는 인체 위해 물질이 들어있어 식용으로 사용할 수 없었다. 이에 비해 개량된 유채는 에루크산의 함량이 대폭 낮춰져 있다. 이 유채가 카놀라canola이다. 카놀라는 영어 명칭으로는 기름이라는 뜻도 포함하는데, 'Canadian oil, low acid'의 약자이다. 즉 캐나다산 기름으로 에루크산 성분이 적게 함유돼있다는 의미이다.

그런데 캐나다에서 생산되는 카놀라의 80% 정도가 GM 카놀라이다. 한국은 카놀라유를 씨앗이 아닌 기름 상태로 수입하고 있다. 따라서 캐나다에서 수입되는 카놀라유 대부분은 분명히 GM 식품이다. 그러나 농산물 형태가 아닌 가공식품의 형태이기 때문에 정부의 수입 GM 농산물 통계에는 콩과 옥수수의 값만 제시될 뿐 카놀라에 대해서는 명시돼있지 않다.

한편 실제 소비자에게 다가오는 GM 콩 제품은 콩기름에 그치지 않는다. 콩기름을 제조하고 남은 부산물인 콩깻묵이 여러모로 쓰이고 있기 때문이다(한국바이오안전성정보센터, 2012. 4: 72). 콩깻묵은 사료용으로 많이 쓰이기도 하지만 일부는 간장과 같은 장류 가공용으로 사용되고 있다. 또한 콩깻묵에서 단백질과 탄수화물 성분만을 추출해 만든 분리대두단백은 여러 용도로 사용되고 있다. 두유, 이유식, 환자용 회복식이나 각종 기능성 대용 식품 등 단백질 강화 제품, 소시지·햄·맛살 같은 육류 가공품 등에 많이 사용된다. 고기 사용을 줄이고 지방 없이 단백질량만 증가시키기 위해서이다.

〈표 1〉 2011년 국내에 수입된 식용 GM 농산물의 양과 용도

종류	양(톤)	전체 수입 대비 비율 (%)	수입 국가	주요 제품	기타 제품
GM 옥수수	102만 5,000	49	미국, 남아프리카 공화국, 기타	빵, 과자, 음료, 빙과, 스낵, 소스, 유제품 등	옥수수차, 팝콘과 뻥튀기, 시리얼 등
GM 콩	85만	75	브라질, 미국, 기타	콩기름	두유, 이유식, 단백질 강화 제품(환자용 회복식이나 각종 기능성 대용 식품 등), 육류 가공품(소시지·햄·맛살 등), 장류

한국은 왜 GM 농산물을 수입해왔을까

선택의 여지가 없었다. 2000년대 한국의 전체 식량 자급률은 매우 낮았다. 대략 27% 수준이다. 국내 생산으로 식량을 자급할 수 없었으므로 나머지 부족한 식량을 수입해야 하는 실정이었다. 그런데 한국이 주로 수입하는 대상국이 GM 농산물을 만들기 시작했기 때문에 이를 어쩔 수 없이 수입하게 된 것이다.

먼저 옥수수의 사례를 살펴보자. 2010년 기준으로 한국의 옥수수 소비량은 세계에서 10위를 차지하고 있다. 그러나 옥수수 자급률은 0.8%에 불과하다. 2010년 옥수수 수입량은 867만 3,000톤이었다. 이 가운데 식용은 222만 5,000톤, 사료용은 644만 8,000톤이다. 이에 비해 국내에서 생산된 옥수수의 양은 7만 4,000톤 수준이었다. 즉 한국에서 소비되는 옥수수 대부분은 외국에서 수입되고 있는 실정이다(한국바이오안전성정보센터, 2012. 7: 107).

콩 역시 대부분 수입에 의존하고 있는 농산물이다. 자급률이 9.5% 수준이다. 2011년 국내 콩 생산량은 11만 8,000톤이었다. 이에 비해 수입량은 112만 7,000톤에 달했다(한국바이오안전성정보센터, 2012. 4: 69).

그런데 한국이 옥수수와 콩을 주로 수입하는 대상국인 미국, 브라질, 남아프리카공화국 등은 GM 옥수수와 콩을 대량으로 재배하는 국가들이다. 그리고 GMO이든 아니든 옥수수와 콩을 수출할 수 있는 여력이 있는 나라로는 미국과 브라질 정도가 꼽히고 있다(한재환 외, 2009. 4: 88). 한국이 옥수수와 콩의 자급률을 높이지 않는 이상 GM 옥수수와 콩을 수입할 수밖에 없는 상황이다.

그 많은 GMO가 왜 한국 소비자 눈에는 잘 안 보일까

수입 GM 농산물의 대부분이 가공식품 안에 포함돼있기 때문이다. 그리고 무엇보다 소비자용 제품에 표시가 잘 안 돼있기 때문이다.

GM 옥수수의 예를 들어보자. 식품 매장에 GM 옥수수와 일반 옥수수가 섞여 진열돼있다면 외관상으로는 아무런 구별이 되지 않는다. 색깔도 크기도 비슷하다. 먹어본다 한들 그 맛의 차이를 느낄 수 없다. 따라서 식품에 GMO라는 표시가 돼있지 않는 이상 소비자는 옥수수의 정체를 알 수 없다.

현재 한국에서는 GMO 표시제가 시행되고 있다. 만일 매장에 식용 GM 옥수수가 진열돼있다면 여기에는 반드시 GMO라는 표시가 붙어야 한다. 그러면 소비자는 그 사실을 금세 알아차릴 수 있다.

하지만 국내에 수입되는 GM 옥수수는 대부분 가공돼 판매되고 있다. 옥수수의 원래 모습을 그대로 유지한 채 판매되는 GM 옥수수는 거의 없다는 의미이다. 원래 모습이 남지 않고 가공된다는 점, 이것이 한국의 소비자가 GM 옥수수의 존재를 잘 실감하지 못하는 한 가지 이유이다.

또한 가공식품 가운데 GMO 표시가 면제된 것이 많다. 이것이 국내에 수입되는 대량의 GM 옥수수가 소비자의 눈에 잘 띄지 않는 좀 더 근본적인 이유이다. 이 내용은 1부 4장에서 다시 다루겠다.

❝ GMO를 만들기 위해서는 유전자를 삽입하려는 대상과 삽입할 유전자가 필요하다. 삽입 대상을 학술 용어로 숙주recipient organism라고 부른다. GM 농산물에 주로 활용된 숙주는 콩, 옥수수, 면화, 유채 등이다. **❞**

CHAPTER 2

GM 농산물
어떻게 만들까

GMO의 개념을 '외래 유전자가 삽입된 생명체'라고 간단히 설명할 수 있지만, 실제로 GMO를 만드는 과정은 매우 복잡하고 지난하다. 단적으로 한 종류의 GMO가 제품으로 만들어지기까지 걸리는 시간은 평균 10년이고, 드는 비용은 1000만~1억 달러에 달한다고 한다.

GMO를 둘러싼 논란을 좀 더 구체적으로 이해하기 위해 GMO 생산 과정을 간략히 짚어볼 필요가 있다. 뒤에서 언급할 GMO 위해성 심사 내용의 이해를 돕기 위해 여기서 심사 서류에 등장하는 일부 학술 용어를 미리 소개한다.

재료 준비

GMO를 만들기 위해서는 유전자를 삽입하려는 대상과 삽입할 유전자가 필요하다. 삽입 대상을 학술 용어로 숙주recipient organism라고 부른다. GM 농산물에 주로 활용된 숙주는 콩, 옥수수, 면화, 유채 등이다.

삽입할 유전자, 즉 개발자들이 숙주에 포함하기를 원하는 유전자를 구조유전자라고 한다. 구조유전자는 동물, 식물, 미생물 가리지 않고 어디서든 얻을 수 있다. 구조유전자를 제공하는 생명체를 가리켜 공여체donor organism라고 부른다.

최근까지 가장 흔하게 적용되고 있는 구조유전자의 특성은 제초제 내성과 살충성 두 가지이다. 살충성 구조유전자의 대표 사례는 Bt이다. Bt는 박테리아의 일종인 '바실루스 투린기엔시스Bacillus thuringiensis'의 머리글자를 딴 용어이다. 이 박테리아가 만들어내는 단백질은 농산물을 갉아먹는 애벌레를 굶겨 죽인다. 애벌레는 Bt가 만드는 단백질을 섭취하면 소화기관의 기능을 상실한다. Bt는 애벌레를 굶겨 죽이는 단백질을 만드는 유전자를 가리키는 말이다.

Bt 단백질은 GMO가 만들어지기 전 수십 년 동안 이미 농가에서 미생물 농약으로 활용되고 있었다. 하지만 애벌레가 식물의 안쪽이나 속에 파고들어 살고 있어서 농약의 효과가 잘 발휘되지 않았다. 그래서 살충제를 여러 차례 대량으로 뿌릴 필요가 있었다.

GM 농산물은 Bt를 함유하고 있기 때문에 원리적으로는 스스로 살충제를 생산하는 농산물인 셈이다. 별도로 살충제를 뿌리지 않아도 농산물을 갉아먹는 애벌레가 죽게 되기 때문에 GMO 개발자들은 살충제의 사용이 대폭 줄어들 것이라고 주장한다.

제초제 내성 구조유전자도 주로 미생물에서 얻는다. 제초제는 잡초를 제거하기 위한 농약이다. 제초제에 잘 견디는 미생물에서 해당 유전자를 찾아 농산물에 삽입하면, 그 GM 농산물은 제초제를 뿌렸을 때 살아남을 수 있다. 그 결과 전반적으로 제초제의 사용량이 줄어든다고 기대할 수 있다.

운반체 준비

구조유전자를 숙주에 삽입하는 일은 말처럼 쉽지 않다. 눈에 보이지 않는 미세한 크기의 구조유전자를 숙주의 세포 안 유전자에 삽입해야 하기 때문이다. 별도의 과학적 기법이 동원돼야 실현 가능한 일이다.

구조유전자를 숙주에 옮기는 매개체를 벡터vector라고 부른다. 벡터는 DNA를 세포 내로 운반하는 데 사용할 수 있는 작은 DNA 분자를 가리킨다. 대표 사례가 박테리아의 플라스미드plasmid이다.

박테리아에서 주요 유전정보는 핵 안의 염색체에 들어있다. 그러나 핵의 바깥, 즉 세포질에도 작은 고리 모양의 DNA가 존재한다. 이것이 플라스미드이다. 플라스미드는 박테리아의 생명 유지에 반드시 필요한 존재는 아니지만, 박테리아가 증식할 때 핵 안의 유전자처럼 그 수가 늘어난다.

만일 박테리아에서 플라스미드를 꺼내고 여기에 특정 유전자를 삽입한 후 다시 박테리아에 넣으면 특정 유전자는 박테리아가 증식할 때마다 그 수가 늘어날 것이다. 이 방법을 이용하여 1970년대부터 인슐린, 인터페론, 성장호르몬 등 인간의 건강에 중요하게 작용하는 단백질을 만들어내는 박테리아가 개발됐다. 박테리아를 대량으로 증식할수록 인슐린 같은 단백질이 대량으로 생산된다. 이때 사용된 기술을 생명공학에서는 '유전자 재조합 기술recombinant DNA technology'이라고 부른다. 인슐린을 만들어내는 유전자를 박테리아 플라스미드에 삽입하면 두 종류의 유전자가 재조합된다는 의미에서 붙여진 이름이다.

GMO를 만들 때도 유전자 재조합 기술을 이용한 벡터가 필요하다. 벡터의 종류는 다양하다. 박테리아의 플라스미드 외에도 바이러스, 박테리오파지, 인공 DNA 등이 벡터로 사용될 수 있다. 완성된 벡터에는 구조유전자만 삽입되는 게 아니다. 벡터의 구조를 단순하게 표현하면 다음과 같다.

| —— | 프로모터 | —— | 구조유전자 | —— | 터미네이터 | —— |
| —— | 프로모터 | —— | 마커 | —— | 터미네이터 | —— |

먼저 구조유전자 주변에 프로모터promotor와 터미네이터terminator가 있다.

구조유전자가 활동을 시작해 단백질을 만들어내려면 활동을 시작하라고 명령을 내리는 DNA 부위가 필요하다. 이것이 프로모터이다. 터미네이터는 구조유전자의 활동을 끝내게 만드는 DNA 부위이다.

프로모터와 터미네이터는 어떤 종류의 구조유전자에 대해서든 작동을 시작하고 멈추게 하는 보편적인 능력을 가져야 한다. 과학자들은 이 같은 능력의 소유자를 바이러스와 박테리아에서 찾을 수 있었다. 예를 들어 흔히 사용되는 프로모터의 하나인 CaMV 35S는 꽃양배추 모자이크 바이러스Cauliflower Mosaic Virus에서 가져온 프로모터이다. 또한 터미네이터의 한 종류인 NOS는 아그로박테리움Agrobacterium tumefaciens에서 유래했다.

구조유전자 그룹 외에 '마커marker' 그룹은 무엇일까? 마커는 숙주의 유전자에 구조유전자가 제대로 삽입됐는지 확인할 수 있게 해주는 또 다른 유전자(구조유전자라고도 칭함)이다. 흔히 '선발표지형질유전자'라고 부른다. 마커는 보통 항생제나 제초제에 잘 견디는 성질을 갖는 유전자가 사용된다.

숙주에 구조유전자 끼워 넣기

이제 숙주의 종자에 벡터를 집어넣을 차례이다. 최근까지 많이 사용되는 방법은 크게 세 가지이다.

먼저 아그로박테리움법을 살펴보자. 아그로박테리움은 식물에 기생하는 병균이다. 플라스미드의 일부 유전자를 식물 핵 속으로 주입해 식물에 근두암종Crown gall이라는 질병을 유발한다. GMO 개발자들은 이 특성에 착안해서 아그로박테리움의 플라스미드에 구조유전자를 삽입해 벡터를 만들었다. 물론 종양을 유발하는 유전자는 제거했다. 이 벡터를 아그로박테리움에 다시 집어넣은 후 아그로박테리움을 숙주에 감염시킨다. 그 결과 벡터가 숙주 종자의 핵 속으로 들어가 그곳의 유전자 안으로 삽입된다.

이에 비해 입자총법particle gun method은 말 그대로 미세한 총알을 쏘아 넣는 기법이다. 금속 미립자 표면에 벡터를 묻힌 후 이를 숙주 종자에 고압으로 밀어 넣는 방식이다.

식물 세포 주위를 둘러싸고 있는 세포벽을 제거해 구조유전자 삽입을 용이하게 만드는 방법도 있다. 이를 원형질세포법이라 부른다. 숙주 종자의 세포벽을 효소나 화학물질로 녹여 원형질체protoplast를 만든 후 여기에 벡터를 도입하는 방식이다.

남은 일은 숙주의 핵에 벡터가 제대로 삽입됐는지 확인하는 일이다. 당연히 벡터가 숙주 세포의 유전자 안에 무사히 안착해야 그 기능을 발휘할 수 있다. 그런데 안착 여부를 확인하려고 숙주를 일일이 길러볼 수는 없는 노릇이다. 시간 단축을 위해 동원되는 것이 바로 마커이다.

벡터 삽입을 시도한 숙주 종자를 모아놓고 항생제나 제초제를 처리한다. 구조유전자가 제대로 삽입됐다면 마커 역시 구조유전자 옆에 존재할 것이다. 따라서 항생제나 제초제를 처리했을 때 살아남는 종자가 제대로 벡터가 도입된 종자이다. 이 과정까지 거치면 GM 종자의 준비가 끝난다.

위해성 판단과
시험 재배

GM 종자가 모두 제대로 자란다는 보장이 없기 때문에 일단 성장 과정을 지켜봐야 한다. 하지만 GM 종자가 자라면서 주변 생태계에 위해를 가하지는 않는지, 그리고 다 자란 GM 농산물이 인체에 위험한지 여부를 판단하는 일이 무엇보다 중요하다.

위해성 판단을 위해 몇 단계를 걸친 실험이 진행된다. 우선 연구실 내에서 실험을 시작하고, 이후 야외에서 포장시험과 노지시험을 실시한다. 포장시험에서 포장이란 물건을 감싼다는 의미의 포장packaging, 包裝이 아니라 어떤 특성을 시험하는 장소를 뜻하는 포장field, 圃場을 말한다.

한편 GM 종자가 새로운 지역에서 잘 적응하는지도 중요한 실험 주제이다. 예를 들어 미국에서 만든 GM 옥수수가 브라질의 토양에서 잘 자란다는 보장이 없다. 그래서 원산지의 GM 옥수수를 수출 대상국의 옥수수와 전통 육종으로 교배하는 일이 필요하다. 구조유전자의 특성이 발휘되면서 현지에서 잘 자라나는 새로운 종을 개발하기 위해서이다.

상업적 재배 승인 신청,
그리고 특허등록

모든 준비가 끝나면 상업적 대량 재배를 위해 정부에 심사 서류를 제출한다. 이때 가장 중요한 내용은 위해성이 나타나지 않았다는 과학적 실험 결과이다. 그리고 새로운 GM 종자에 대한 특허를 신청한다. GMO 개발자로서는 10여 년간 1억 달러 규모의 예산을 투여해 만든 결과물을 특허로 보호해야 한다고 생각하는 것이 당연해 보인다.

미국에서는 1980년대부터 GMO와 같은 생명체에 대해서도 특허를 인정하고 있다. 즉 인공물뿐 아니라 생명체나 세포 같은 연구 물질, 연구 기술 및 장비 등에 대해 폭넓게 지식재산권을 인정하고 있는 것이다(이두갑, 2009: 25-27). 예를 들어 원유를 분해하는 능력이 있도록 유전자를 변형한 미생물을 만들었다면, 이 미생물은 자연에 존재하지 않는 새로운 존재이며 이를 개발하기까지 과학자의 노력이 평가될 필요가 있다는 입장이다. GMO를 만드는 데 핵심 기술인 유전자 재조합 기술 자체도 특허로 보호되고 있다.

66안전성 평가의 핵심 사안은 GMO의 위해 성이 기존의 생명체가 갖는 위해성과 얼마나 다른지 여부이다. 만일 두 생명체의 위해성 이 동등한 범위에 있다고 판단된다면 GMO 가 기존 생명체처럼 안전하다고 평가한다. 이른바 '실질적 동등성'의 원리이다.**99**

CHAPTER 3

안정성의 근거인 '실질적 동등성'의 원리와 심사 내용

소비자 입장에서 GMO에 대해 가장 관심이 가는 부분은 GMO를 섭취할 때 인간이나 동물의 건강에 해가 있는지, 그리고 GMO가 주변 농산물이나 생태계에 나쁜 영향을 미치는지에 대한 내용일 것이다. GMO를 재배하거나 수입하려 할 때 정부에서 승인을 결정하는 핵심 검토 사항이 바로 이 같은 위험의 발생 가능성 여부이다.

한국에서는 1996년 처음 GMO를 수입한 이후 2007년까지 주로 식용 GMO에 대한 안전성 평가가 이뤄졌다. 평가의 법률적 근거는 식품위생

법에 따른 것이다. GMO라는 새로운 종류의 식품이 인체에 안전한지 여부를 평가했다.

식용 GMO가 환경에 위해를 가하는지 그리고 사료용 GMO가 생명체와 환경에 위해를 가하는지에 대한 여부는 2008년부터 새로운 법률에 근거해 평가되기 시작했다. 해당 법률은 '유전자변형생물체의 국가간 이동 등에 관한 법률'이다. 이를 줄여 보통 'LMO법'이라고 부른다.

한국이 LMO법을 준비한 시기는 2000년대 초반이다. 2000년 1월 '바이오 안전성에 관한 카르타헤나 의정서Cartagena Protocol on Biosafety'가 국제 사회에서 채택된 일이 계기가 되었다. 이 의정서는 GMO를 수출하거나 수입할 때 안전성 확보를 위해 당사국들이 취해야 할 조치를 담고 있다. 한국 정부는 같은 해 9월 이 의정서에 동의(비준)한다는 의사를 밝혔으며, 이후 국내에서 이 의정서의 내용을 이행하는 법률을 마련하기 시작했다. 이렇게 만들어진 법률이 LMO법이다. 한국 정부는 2007년 10월 유엔 사무국에 의정서 비준서를 기탁했다. 그래서 LMO법은 카르타헤나 의정서가 채택된 지 8년째인 2008년 1월 1일에 이르러서야 국내에서 발효됐다.

현재 국내에 식용 GMO가 수입될 때 안전성 평가를 주관하는 행정기관은 식품의약품안전청이다. 식품의약품안전청은 인체 위해성에 대한 평가를 맡고, 환경 위해성은 농촌진흥청(작물 재배 환경 위해성), 국립환경과학원(자연 생태계 위해성), 국립수산과학원(해양 생태계 위해성) 등에 심사 협의를 요청한다. 모든 기관에서 안전성 판정이 나면 식품의약품안전청은 식용 GMO에 대한 수입을 승인한다. 신청에서 결과 통보까지 총소요 시간은 270일 이내이다.

사료용 GMO는 심사 기관이 약간 달라질 뿐 식용 GMO 수입 승인 과정과 전체 과정은 유사하다. 안전성을 평가하는 주관 행정기관은 농촌진흥청이다. 농촌진흥청은 작물 재배 위해성에 대한 평가를 맡고, 질병관리본부(인체 위해성), 국립환경과학원, 국립수산과학원 등에 심사 협의를 요청한다.

모든 관련 기관은 별도의 전문가로 구성된 심사위원회를 갖추고 있다. 그리고 심사 결과는 원칙적으로 일반인에게 공개되고 있다. 전문가의 심사 결과에 대한 일반인 또는 이해 당사자의 의견 수렴 절차도 갖춰져 있다. 다만 심사 내용은 전문 용어로 요약된 형태이기 때문에 공개된다 해도 일반인이 이해하기 어려운 게 사실이다. 또한 승인 여부만 공개돼 심사 내용을 일반인이 찾기 어려운 경우도 있다.

여기서는 한국바이오안전성정보센터에 공개된 심사 내용 가운데 한 가지 사례를 통해 국내에서 GMO 수입이 승인되는 과학적 근거가 무엇인지 대략적으로 파악하고자 한다. 안전성 평가의 핵심 사안은 GMO의 위해성이 기존의 생명체가 갖는 위해성과 얼마나 다른지 여부이다. 만일 두 생명체의 위해성이 동등한 범위에 있다고 판단된다면 GMO가 기존 생명체처럼 안전하다고 평가한다. 이른바 '실질적 동등성substantial equivalence' 의 원리이다.

이제 식용으로 국내 수입이 승인된 GM 옥수수의 사례를 통해 전문가들이 실질적으로 동등하다고 판단하는 근거가 무엇인지 살펴보자. 이 심사 보고서는 식품의약품안전청 유전자 재조합 식품안전성 심사위원회가 작성한 것이므로 인체 위해성에 대한 내용만 담고 있다.

2003년 3월 식품의약품안전청은 GM 옥수수의 일종인 Bt176에 대한 안전성 평가 심사 의뢰서를 접수했다. Bt176은 조명충나방corn borer이라는 해충에 대해 살충성을 갖도록 구조유전자 Bt를 삽입한 GM 옥수수이다. 176은 Bt를 가진 다양한 GM 옥수수 가운데 한 가지를 가리키는 번호이다.

심사 보고서를 보면 신젠타종묘(주) 사가 Bt176을 수입하기 위해 승인을 신청했으며, 동일 품목은 이미 미국과 캐나다 등 7개국에서 안전성 평가 심사를 통과했다.

최종 보고서 작성까지 세 차례의 심사가 이뤄졌다. 심사의 대상은 GMO 개발자가 제출한 서류이다. 심사위원회의 전문가들은 Bt176의 안전성에 대한 자료가 충분하지 않다고 판단하면, 미비한 부분에 대해 보완 자료를 요청해 다시 심사한다.

〈유전자 재조합 옥수수(Bt176) 안전성 평가 자료 심사 결과 보고서〉

2. 심사 경과

■ 심사 대상 품목

대상 품목	신청자	개발자	제 외국의 안전성 확인(승인) 현황
병충해 저항성 옥수수 Bt176	신젠타종묘(주)	Syngenta Seeds AG	미국(1995), 캐나다(1995), 일본(1996), EU(1997), 오스트레일리아/뉴질랜드(2001), 남아프리카 공화국(2001)

■ 심사 경과
· 2003년 3월 28일 안전성 평가 자료 심사 의뢰 접수
· 2003년 4월 3일 유전자 재조합 식품 안전성평가자료 심사위원회에 전문 분야별 평가 자료의 타당성 검토 의뢰 (1차 서면 심사)
· 2003년 9월 30일 심사위원회 (2차 심사)

안전성 심사는 크게 숙주, 구조유전자를 포함한 벡터, 그리고 이들의 총합인 Bt176 각각을 대상으로 진행된다.

먼저 심사 대상이 되는 것은 숙주, 즉 옥수수이다. 심사에 제출된 숙주의 품종은 이미 오래전부터 인간이 섭취해왔으며 인체에 알레르기를 일으키는 등의 유해한 성분을 갖고 있다고 알려지지 않았다. 따라서 숙주는 식용으로 안전하다.

다음으로 벡터이다. 벡터는 대략 구조유전자와 마커, 그리고 이들 전후에 위치한 프로모터와 터미네이터로 구성된다. 우선 구조유전자와 마커를 살펴보자. 구조유전자는 살충성 단백질CryIAb을 만드는 유전자cryIAb를 의미하며, 박테리아에서 가져왔다. Bt176에는 두 개의 동일한 구조유전자가 삽입됐다. 그리고 마커는 제초제에 견디는 단백질PAT을 만드는 유전자bar이며, 역시 박테리아에서 유래한다. 이들에 대한 안전성 평가 항목은 숙주와 유사하다.

〈유전자 재조합 옥수수(Bt176) 안전성 평가 자료 심사 결과 보고서〉

4. 심사 의뢰 자료 검토

4-2. 식품으로의 적합성 검토

4-2-1 유전자 재조합체의 안전성

라. 삽입 DNA 관련

(1) 공여체

(가) 명칭 및 분류학적 특성 (학명, 품종명, 계통명 등)

· cryIAb 유전자는 Bacillus thuringiensis var. Kurstaki부터 유래되었다.

· bar 유전자는 Streptomyces hygroscopicus로부터 기원한다.

(나) 식품에 이용된 역사 및 섭취 현황

· B. thuringiensis 및 S. hygroscopicus는 식품으로 직접 사용된 역사는 없지만, 토양에 상존하는 미생물로 식품 오염을 통한 섭취의 경험이 있다. 그러나 이들이 인체에 유해성을 나타낸다는 보고는 없다.

· B. thuringiensis 제제는 생물학적 살충제(미생물 농약)로 30년 이상 사용되어왔다.

(다) 공여체 및 근연종의 병원성 및 유해생리활성물질 생산성

· B. thurigiensis와 S. hygroscopicus는 인체에 유해성을 나타내는 유해생리활성물질의 생산은 보고된 바 없다

(라) 알레르기 유발성

· B. thurigiensis와 S. hygroscopicus가 알레르기를 유발한다고 보고된 바는 없다.

(마) 병원성 외래 인자(바이러스 등)에 오염 여부

· 해당 사항이 없다.

구조유전자와 마커의 활동을 시작하고 종료하기 위해 사용된 프로모터와 터미네이터는 바이러스 유래의 CaMV 35S, 그리고 옥수수 유래 DNA를 사용했다. 그리고 구조유전자가 삽입된 벡터, 즉 플라스미드pCIB4431와 마커가 삽입된 플라스미드pCIB3064의 원본은 모두 대장균E. coli의 플라스미드pUC18이다.

심사 보고서는 두 종류의 벡터가 유해한 염기 서열을 갖고 있지 않다는 점, 다른 식물로 전달되거나 다른 식물에서 생존할 수 없다는 점 등을 들어 안전성을 명시했다.

〈유전자 재조합 옥수수(Bt176) 안전성 평가 자료 심사 결과 보고서〉

4. 심사 의뢰 자료 검토

4-2. 식품으로의 적합성 검토

4-2-1 유전자 재조합체의 안전성

다. 벡터

(2) 성질

(다) 유해 염기 배열 등의 유무

· pUC18 플라스미드에서는 어떤 유해 염기 서열도 일어났다는 보고가 없으며, pUC18 플라스미드로부터 유래한 pCIB3064/pCIB4431 역시 유해 염기 서열을 포함하고 있지 않다

(3) 숙주에서의 복제수 및 안정성

· 복제 기점Ori이 E. coli 플라스미드인 pBR322로부터 유래한 것이므로 일반 식물체에서는 독립적으로 생존·증식하지 않고, 다른 식물체로 전달되지 않는다.

(5) 전달성

· 세균 간의 전달성은 전달에 관여하는 유전자인 tra 유전자와 이동에 관여하는 유전자인 mob 유전자에 의해 일어나지만, pUC18 플라스미드는 이들 유전자를 포함하지 않기 때문에 전달성이 없다.

(6) 숙주 의존성

· pUC 플라스미드로부터 유도된 플라스미드인 pCIB3064와 pCIB4431는 대장균에서만 증식이 가능한 ori 배열이 포함되고 있어, 다른 식물 등에서는 증식할 수 없다.

이제 남은 문제는 Bt176이 생산하는 단백질 두 종류 CryIAb와 PAT가 인체에 안전한지 여부에 대한 내용이다. 그 내용은 크게 독성과 알레르기성에 대한 실험으로 제시된다. 심사 보고서에는 동물실험과 문헌 조사를 통해 두 종류의 단백질이 독성과 알레르기성 면에서 안전성이 확인됐다고 나와있다. 두 단백질이 숙주의 기존 대사 활동에 영향을 미치지 않

는다는 점도 명시돼있다. 또한 이들 단백질이 인체 소화기관에서 어떻게 될 것인지를 알려주기 위해 인공 위액에서 빨리 분해돼 없어진다는 점이 소개됐다.

〈유전자 재조합 옥수수(Bt176) 안전성 평가 자료 심사 결과 보고서〉

4. 심사 의뢰 자료 검토

4-2. 식품으로의 적합성 검토

4-2-1 유전자 재조합체의 안전성

마. 유전자 재조합체

(3) 유전자 산물의 독성

· 신규 삽입된 유전자에 의하여 발현되는 단백질은 CryIAb 단백질과 PAT 단백질이며, 이들에 대한 독성 실험에서

· 암수 각각 다섯 마리씩의 쥐에서 CryIAb 단백질을 3,283mg/kg의 양으로 투여한 결과는 어떤 쥐도 폐사하지 않았으며, 특이한 임상적 이상도 발견되지 않았다.

· 암수 각각 다섯 마리씩의 쥐에서 PAT 단백질을 2,576mg/kg의 양으로 투여한 결과, 수컷 쥐 한 마리가 죽었으나 사인은 고체 물질에 의한 식도 막힘 증상으로 독성에 의한 임상 증상은 없다.

· PAT 단백질의 안전성에 대한 확인은 PAT 단백질이 인간이나 기타 동물에 유독하다는 것을 나타내는 증거를 찾을 수 없다(OECD, 1999; EPA, 1997).

· PAT 단백질과 CryIAb 단백질의 알려진 독성과의 상동성 시험 결과 어떠한 상동성도 없었다.

(4) 유전자 산물이 대사 경로에 미치는 영향

· 기존 대사 경로와 반응하지 않는 두 개의 별도 단백질(CryIAb, PAT)을 생산하므로 기존의 대사 경로에 영향을 미치지 않는다.

(6) 알레르기성

(다) 유전자 산물의 물리화학적 처리에 대한 감수성에 관한 자료

- CryIAb는 인공 위액 실험에서 펩신 농도인 0.001X 표준 농도에서는 10분 안에, 0.01X 표준 농도에서 5분 안에 신속히 분해되었다.
- PAT는 펩신을 0.01X 표준 농도로 희석하였을 때, 2분 안에 분해되었다.

(라) 유전자 산물 중 이미 알려져 있는 식품 알레르겐과 구조적으로 같은 성질에 관한 자료
- Cry1Ab와 PAT 유전자의 이미 알려져 있는 알레르겐과의 상동성 비교 결과 알려진 독성 단백질과의 유효한 상동성은 발견되지 않았다.

앞의 실험은 두 종류의 단백질을 순수하게 추출해서 진행한 것이다. 이에 비해 실제 완성품, 즉 Bt176을 동물에게 먹여본 결과도 제시돼있다. 또한 두 종류의 구조유전자가 숙주 유전자와 상호작용을 하는 등 숙주 내에서 뜻하지 않은 유전자 반응이 일어나 전혀 새로운 단백질이 만들어질 가능성이 있을 텐데, Bt176에서는 그런 일이 벌어지지 않았다고 명시돼있다.

〈유전자 재조합 옥수수(Bt176) 안전성 평가 자료 심사 결과 보고서〉

4. 심사 의뢰 자료 검토

4-2. 식품으로의 적합성 검토

4-2-2 유전자 재조합 식품 등의 안전성

라. 독성학적 실험 자료
- 가금류를 이용한 14일간 64% 함유된 섭이 시험 결과, 특이 사항이 관찰되지 않았다.

마. 알레르기 유발성 실험 자료
- 유전자 삽입에 의해 생성되는 다른 단백질이 없으므로 기존의 옥수수와 동일하다.

이 같은 내용을 토대로 Bt176의 인체 위해성에 대한 심사 승인이 이뤄졌다.

〈유전자 재조합 옥수수(Bt176) 안전성 평가 자료 심사 결과 보고서〉

5. 심사 의뢰 자료 검토 결과

· 이상의 검토 내용과 같이 유전자 재조합 식품 · 식품첨가물 안전성 평가 자료 심사 지침에 따라 제출된 자료의 안전성을 평가한 결과, 사용된 공여체, 숙주 및 삽입 유전자 등이 식품으로 이용 시 안전성 문제를 유발하지 않는다고 판단되었다.

· 유전자 재조합체에 관해서도 알레르기 유발성, 독성 및 영양성 등에서 안전성 평가에 필요한 적절한 자료가 제출되었고, 이 자료를 토대로 검토한 결과 지금까지 섭취해온 옥수수와 차이가 없음을 확인하였다.

662012년 9월 프랑스 연구진은 쥐를 대상으로 2년간 생체 실험을 한 결과 GM 옥수수 NK603이 종양을 비롯한 각종 장기 기능 이상을 일으켰다고 보고했다.

그런데 NK603은 바로 한국이 2002년 식용(2004년 사료용)으로 수입을 승인한 품목이다. 이미 10여 년간 한국 소비자가 섭취한 종류의 GM 옥수수였다.**99**

CHAPTER 4

GM 농산물 수입국의 쟁점

청사진

GMO를 생산해야 한다는 주장의 가장 큰 근거는 식량 문제 해결이다. 세계 인구가 급격히 증가하고 있지만 빈곤과 기아, 영양 부족 등의 문제는 여전히 심각한 것이 현실이다.

2011년 10월 31일 세계 인구는 70억 명에 달했다. 2011년 한 해에만 세계 인구가 7800만 명이 증가했다. 현재도 세계에서 1초에 2.5명, 1분에

150명씩 새로운 생명이 태어나고 있다. 그리고 70억 명 중 10억 명은 굶주리고 있다. 2050년에는 세계 인구가 100억 명에 달할 것이라는 예견도 나왔다.

세계 인구의 이러한 엄청난 증가에 따른 식량 부족 문제를 기존의 식량 생산 방법으로는 도저히 해결할 수 없다는 것이 GMO 개발자의 판단이다. GMO를 통해 질병에 견디는 힘이 강하고, 제초제의 영향을 받지 않으며, 수확량도 많은 우수한 품종을 확보하는 일이 시급하다는 것이다.

이 논리를 한국에 적용해보면 어떨까. 한국의 소비자로서는 의아할 수 있다. 지난 16년간 식용으로 수입된 GMO는 대부분 가공식품으로 사용됐기 때문이다. 가공식품이 한국의 식량문제 해결과 직접 연결된다고 보기 어렵다.

대신 가공식품업계로서는 GMO를 수입할 필요성이 커지고 있다. 국제 시장에서 GM 농산물에 비해 일반 농산물의 가격이 상대적으로 비싸기 때문이다. 일례로 2008년 8월 국내 식품업계가 GM 옥수수를 수입하겠다고 공개적으로 밝혀 사회적으로 논란이 일어난 적이 있다. 한국전분당협회 네 개 회원사가 공동 구매 형식으로 전분 및 전분당 원료로 GM 옥수수 5만여 톤을 수입하겠다는 내용이었다.

그런데 한국 소비자에게 잘 실감 나지 않는 사료용 GMO라면 문제가 다르다. 국내 축산업계의 사료 자급률은 매우 취약하다. 사료용 GMO를 사용하지 않는다면 당장 가축의 먹이가 없어져 소비자들은 육류를 섭취할 수 없는 상황이다. 국내에서 GMO가 아닌 사료를 개발하고 그 자급률을 높이는 일이 실현되지 않는 한 사료용 GMO의 수입을 거부할 수 없다.

적신호

예상치 못한 인체 위해성

GMO의 안전성에 대한 문제 제기는 여러 각도에서 이뤄지고 있다. 먼저 인체 위해성에 대한 지적을 살펴보자. 인체 위해성 문제는 실질적 동등성 개념에 따른 위해성 평가 방법에 초점이 맞춰져 있다.

실질적 동등성의 개념은 1993년 경제협력개발기구에서 처음 명시됐다 (김동광, 2010). 이에 따르면 "새롭거나 조작된 식품, 또는 식품 성분이 기존 식품과 실질적으로 동등하다고 판단될 경우, 더 이상의 안전이나 영양에 대한 우려가 중요치 않은 것으로 간주하며, 일단 실질적 동등성이 확인되면, 이러한 식품은 그에 대응되는 유사한 전통 식품과 동일한 방식으로 취급된다"고 한다.

그렇다면 실질적 동등성을 확인하는 실험은 무엇일까. 그 핵심 내용은 식품 수준에서의 안전성 실험이다. Bt176 심사 보고서의 사례에서 살펴봤듯, GM 옥수수가 기존 옥수수에 비해 독성이나 알레르기성을 새롭게 갖지 않는다는 점을 입증하기 위해 동물실험이 진행됐다. 즉 생쥐 몇 마리에게 몇 주 동안 GM 옥수수를 먹여본 결과 새로운 위해성이 관찰되지 않았다는 내용이었다.

하지만 GMO를 식품이 아닌 새로운 관점에서 바라본다면 문제가 달라진다. GM 옥수수에서 옥수수에 삽입된 벡터의 구성 요소들은 모두 다른 생명체에서 유래한 것이다. 이들 유전자 또는 DNA 조각이 숙주에서 예상치 못한 활동을 벌일 수 있다. 그리고 그 결과는 식품 수준의 실험에서 판독되기 어렵다.

이 같은 문제의식을 반영해 GMO에 대한 훨씬 면밀하고 장기적인 연구가 필요하다는 주장이 그동안 학계에서 지속적으로 제기돼왔다. 그리고 이에 대한 학계의 반박 역시 잇따르고 있다. 따라서 GMO의 인체 위해성에 대한 학계의 논의는 현재 진행형이다.

GMO의 예상치 못한 위험이 일어날 가능성을 제기하는 몇몇 연구 결과를 살펴보자(한국환경정책 · 평가연구원, 2008: 120-124).

먼저 GMO에서 정체를 알 수 없는 새로운 DNA 조각이 만들어졌다는 보고가 있다. 이 DNA 조각을 섭취했을 때 인체에 어떤 영향을 미칠지 확인할 필요가 있다.

프로모터의 활동도 주목할 대상이다. 흔히 사용되는 CaMV 35S는 바이러스에서 유래했다. 인체에서 이 프로모터가 그동안 활동이 없었던 인간의 유전자를 새롭게 활성화할 수 있지 않을까 하는 질문이 가능하다. 실제로 인간 게놈 프로젝트가 완료된 결과, 인간 DNA의 98%에 대한 기능을 정확히 알 수 없으며 그 가운데 절반 정도가 바이러스를 비롯한 기생 생명체의 DNA라는 사실이 밝혀진 바 있다. 혹시라도 바이러스에서 유래한 프로모터가 그동안 활동이 없던 인간의 바이러스 DNA를 작동시킬 수 있지는 않을까?

한편에서는 GMO의 구조유전자나 마커가 인체 소화기관에 전달될 가능성을 여전히 제기하고 있다. 가령 구조유전자가 인체에서 분해되지 않고 남아있다면 독성이나 알레르기성을 발휘하지 않을까? 또한 마커로 사용된 항생제 내성 유전자가 인체 소화기관에 전달되고, 그 단백질이 만들어진다면 인간은 점점 항생제에 내성을 갖게 돼 '약 효과'가 줄어들지 않을까?

한편 독성이나 알레르기성을 검토할 때 판단의 기준은 '지금까지 알려진' 독성 물질이나 알레르기성 물질에 대한 리스트이다. 만일 벡터의 작용으로 기존 리스트에 없던 새로운 물질이 만들어진다면 이를 파악할 방법이 없는 셈이다.

GMO의 안전성을 우려하는 학자들은 이 같은 문제 때문에 지금보다 훨씬 장기적이고 면밀한 독성 실험을 진행해야 한다고 주장한다. 동물을 대상으로 실험할 때는 식품의 수준을 넘어 훨씬 엄격하게 실험을 진행해야 하며, GMO를 먹어온 특정 인구 집단을 대상으로 하는 역학조사도 필요하다는 견해이다.

하지만 이 같은 연구의 진행에는 현실적인 한계가 존재한다. 문제를 제기하는 논문을 발표하면 GMO의 안전성을 주장하는 학계에서 그 논문에 과학적 엄밀성이 부족하다는 식의 강력한 반박이 곧바로 제기된다. 제대로 실험을 수행하는 데 필요한 연구비도 부족하다(김명진, 2008. 5. 6). 논문을 좋은 학술지에 게재하려고 해도 관련 분야의 심사위원들이 GMO와 이해관계에 놓여있는 경우가 있어 게재 자체가 어렵다는 소리도 들린다.

최근에는 한두 개를 넘어 다수의 구조유전자를 삽입한 GMO가 승인되고 있어 우려의 목소리가 높아지고 있다. 대표 사례가 여덟 개의 구조유

전자를 가진 GM 옥수수, 제품명 스마트스택스SmartStax
이다.

2009년 11월 한국은 식용과 사료용으로 스마트스택
스의 수입을 승인했다. 이 옥수수는 살충성을 가진 구
조유전자 여섯 개, 그리고 제초제 내성을 가진 구조유
전자 두 개를 함유하고 있다. 몬산토 사와 다우아그로
사이언시스 사가 공동 개발한 제품이다.

스마트스택스는 여덟 개 유전자를 하나하나 삽입해
만든 것이 아니다. 기존의 네 종류 GM 옥수수를 교배

| 여덟 개의 구조유전자를
지닌 스마트스택스.

해서 만들었다. 물론 기존의 GM 옥수수들은 모두 안전성 심사를 통과한
제품이다. 이를 전문용어로 '후대교배종'이라고 부른다.

후대교배종의 등장은 GMO의 안전성에 대한 우려를 증폭하고 있다.
한두 개의 구조유전자를 삽입한 GMO에 대해서도 인체 위해성에 대한
논란이 지속되고 있는 상황인데 무려 여덟 개의 구조유전자를 삽입한다
면 무엇보다 이들 유전자 간에 예상치 못한 상호작용이 일어날 수 있지
않을까?

〈표 2〉 2009년 이후 농업용 LMO 위해성 심사 종결 품목

번호	분류	품목명	신청자	특성	접수일	심사 결과
1	옥수수	LY038	Monsanto Korea	기능성 강화	05. 06. 23	신청 철회 (09. 01. 07)
2	콩	A2704-12	Bayer CropScience	제초제 저항성	06. 10. 16	적합 (09. 03. 02)

3	콩	MON89788	Monsanto Korea	제초제 저항성	07. 01. 12	적합 (09. 01. 19)
4	옥수수	MON89034	Monsanto Korea	해충 저항성	07. 03. 05	적합 (09. 03. 02)
5	옥수수	BT10	Syngenta Seeds	해충 + 제초제 내성	07. 03. 28	신청 철회 (10. 04. 23)
6	콩	DP-356043-5	DuPont Korea	제초제 저항성	07. 10. 09	적합 (09. 11. 09)
7	옥수수	MIR162	Syngenta Seeds	해충 저항성	08. 04. 15	적합 (10. 06. 03)
8	옥수수	DP-098140-6	DuPont Korea	제초제 저항성	08. 07. 14	적합 (10. 03. 03)
9	콩	DP-305423-1	DuPont Korea	기능성 (고올레산) 강화	08. 07. 14	적합 (10. 11. 07)
10	면화	GHB614	Bayer CropScience	제초제 저항성	08. 10. 27	적합 (10. 09. 14)
11	잔디	JEJU GREEN21	제주대학교	제초제 저항성	07. 12. 05	부적합 (09. 07. 06)
12	카네이션	FLO-40619-7	Florigence Pty Ltd	제초제 저항성+ 화색	08. 04. 15	신청 철회 (09. 09. 17)
13	카네이션	FLO-40644-4	Florigence Pty Ltd	제초제 저항성+ 화색	08. 04. 15	신청 철회 (09. 09. 17)
14	카네이션	FLO-40685-1	Florigence Pty Ltd	제초제 저항성+ 화색	08. 04. 15	신청 철회 (09. 09. 17)
15	카네이션	FLO-40689-6	Florigence Pty Ltd	제초제 저항성+ 화색	08. 04. 15	신청 철회 (09. 09. 17)
16	옥수수	MON89034 X MON88017	Monsanto Korea	후대교배종	09. 03. 11	심사 대상 아님 (09. 05. 29)
17	옥수수	MON89034 X NK603	Monsanto Korea	후대교배종	09. 03. 11	심사 대상 아님 (09. 05. 29)
18	옥수수	MON89034 X TC1507 X MON88070 X DAS-59122-7	Monsanto Korea Dow Agroscience	후대교배종	09. 06. 30	심사 대상 아님 (09. 11. 09)

060

생명공학 소비시대 알 권리 선택할 권리

19	옥수수	TC1507 X MON810 X NK603	DuPont Korea	후대교배종	09. 12. 29	심사 대상 아님 (10. 09. 14)
20	옥수수	TC1507 X DAS-59122-7 X MON810 X NK603	DuPont Korea	후대교배종	09. 12. 29	심사 대상 아님 (10. 09. 14)
21	옥수수	NK603 X T25	Monsanto Korea	후대교배종	10. 03. 05	심사 대상 아님 (11. 03. 02)
22	옥수수	BT11 X MIR162 X MIR604 X GA21	Syngenta Seeds	후대교배종	10. 06. 28	심사 대상 아님 (11. 02. 01)
23	옥수수	MON89034 X TC1507 X NK603	Dow agro. Monsanto Korea	후대교배종	10. 07. 13	심사 대상 아님 (11. 02. 01)

(지식경제부 외, 2011)

물론 후대교배종을 승인할 때 이 점을 염두에 두고 있다. 심사위원회는 품목 간 상호작용과 특이사항이 있는지 검토한다. 여기서 품목 간 상호작용이란 구조유전자끼리 어떤 상호작용이 발생해 단백질 생산량이 과다하거나 과소하지는 않은지, 그리고 전혀 새로운 종류의 단백질이 만들어지지는 않는지를 확인하는 것이다. 이 과정에서 문제가 있다고 판단되면 270일간의 위해성 심사가 시작된다. 문제가 없다고 판단되면 별도의 심사 없이 안전성 승인이 이뤄진다.

GMO의 안전성을 둘러싼 논란의 전형을 한 가지 사례를 통해 살펴보자. 최초의 GM 식품이 등장하고 몰락한 이야기이다.

세계에서 처음 상품화된 GM 식품은 토마토였다. 1994년 미국 캘리포니아 주의 칼젠Calgene 사는 미국 식품의약국FDA, Food and Drug Administration으로

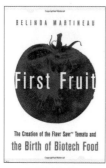

플레이버 세이버를
개발한 벨린다 마르
티노의 자전적 서적.

부터 유전자 재조합 기술을 적용해 잘 무르지 않도록 개발된 토마토에 대한 상품화 허가를 받았다. 상품명은 플레이버 세이버Flavr Savr였다.

한국에서와 달리 미국에서는 토마토를 채소가 아닌 과일로 인식하고 있다. 플레이버 세이버를 개발한 연구원의 자전적 서적에서도 토마토를 과일fruit이라고 표기했다 (Martineau, 2001).

일반적으로 토마토는 시간이 지나면 세포벽을 구성하는 펙틴이라는 다당류가 파괴되면서 물러진다. 그 결과 곰팡이 같은 미생물의 침투가 용이해져 토마토가 쉽게 상한다. 토마토 생산업자들은 다 익은 토마토를 먼 거리까지 운반할 때마다 토마토가 물러진 탓에 골치였다. 그래서 보통은 덜 익은 초록색 상태의 토마토를 수확하고 운반한 후, 에틸렌 가스를 이용해 인위적으로 숙성하는 방식을 사용하고 있었다. 하지만 이같이 급히 숙성시킨 토마토는 원래 토마토보다 맛이 떨어지는 단점이 있었다.

칼젠 사는 토마토의 종자에 유전자 변형을 가해 기존의 품질과 맛의 문제를 모두 해결하려고 시도했다. 연구진은 펙틴을 파괴하는 토마토 내 효소polygalacturonase 유전자의 작용을 억제하는 유전자를 만들어 이를 박테리아에서 대량으로 생산했다. 이 억제 유전자antisense gene는 토마토 종자에 삽입되어 효소 유전자의 mRNA와 결합함으로써 효소의 생성 자체를 억제했고, 그 결과 토마토는 수확된 이후 잘 무르지 않아 장거리 운송 과정을 거쳐도 싱싱한 형태를 유지할 수 있었다. 또한 에틸렌 가스를 처리한

생명공학 소비시대 알 권리 선택할 권리

토마토보다 오랫동안 넝쿨에서 자라 천천히 익었기 때문에 맛이 뛰어나다는 것이 칼젠 사의 주장이었다.

원래 미국 식품의약국은 플레이버 세이버가 안전성 면에서 자연산 토마토에 비해 위험하지 않다고 결론을 내렸기 때문에 시장에서 플레이버 세이버 토마토에 GMO라고 표시할 필요가 없다고 판단했다. 하지만 칼젠 사는 플레이버 세이버가 다른 토마토보다 맛이 더 뛰어나다고 판단했으므로 보통의 다른 토마토 시중 가격보다 두 배에서 다섯 배 정도 비싼 가격을 책정했으며, 이를 정당화하기 위해 자발적으로 상품에 GMO라는 말을 명시했다.

플레이버 세이버는 시장 출시 초기에 고가임에도 불구하고 소비자들에게 별다른 저항 없이 구매됐다(Rothenberg & Macer, 1995). 소비자들에게 GMO 표시는 다른 토마토보다 맛이 뛰어나다는 증거였으며, 기꺼이 비싼 가격을 지불할 수 있게 해준 요소인 듯했다. 하지만 플레이버 세이버의 판매 추세는 변하기 시작했다. 1995년 초반 플레이버 세이버는 미국 중서부와 서부 해안 지역 733개 상점에서 판매됐는데, 이는 칼젠 사의 기대에 크게 못 미치는 수치였다. 칼젠 사는 그해 여름까지 상점 수가 1,500여 개로 확대될 것이라 낙관했지만, 실제로 그처럼 확대되지 않았으며 결국 1997년 미국 내 모든 상점에서 판매가 중단됐다.

플레이버 세이버가 실패한 주된 이유는 생산 영역에서 발견된다(Rothenberg & Macer, 1995; Martineau, 2001; Panse, 2011. 5. 22). 칼젠 사는 기대했던 만큼의 충분한 양의 토마토를 생산하는 데 실패했다.

첫째, 기술적 측면에서 문제가 있었다. 칼젠 사는 토마토의 전반적인 숙성을 늦추는 데 성공하기는 했지만 토마토 껍질 부분은 여전히 잘 물렀다. 따라서 운송 과정에서 여전히 토마토가 상하는 문제가 생겼고, 결국 이 문제를 해결하기 위해서 다른 토마토처럼 초록색 상태에서 수확해 에틸렌 가스로 처리하는 일이 늘어났다. 둘째, 칼젠 사가 유전자 변형을 가할 대상을 선정할 때 맛이나 생산성이 떨어지는 품종을 고른 것이 문제였다. 그리고 칼젠 사는 유전자 변형 토마토를 자연산과 교배해 맛과 생산성을 향상하는 일에 충분히 투자하지 않았다. 그 결과 보통의 토마토보다 경작 면적당 생산량이 크게 떨어졌다. 셋째, 플레이버 세이버가 잘 무르지 않는다 해도 보통의 덜 익은 초록색 토마토보다는 좀 더 조심스럽게 다룰 필요가 있었다. 이를 위해 별도의 보관 및 운송 장비가 추가로 필요했다.

이 같은 문제는 농업 생산자에게 부담으로 작용했다. 농업 생산자는 애초의 기대와 달리 맛과 생산량이 떨어지고 별도로 장비를 구입해야 하는 상황 등에 직면하면서 플레이버 세이버를 점차 외면하기 시작했다. 결국 칼젠 사는 이러한 문제를 해결하지 못한 데다가 경영상의 어려움이 겹쳐 몬산토 사에 인수되기에 이르렀다.

물론 플레이버 세이버에 대한 소비자들의 구매 반대 움직임도 있었다. 예를 들어 1995년 7월 미국의 소비자연맹Consumers Union이 발간하는 간행물 〈소비자 리포트Consumer Report〉는 플레이버 세이버의 맛이 자연산보다 약간 낫지만, 비싼 값을 지불할 정도는 아니라고 보고했다. 이 간행물의 발간인들은 평소 GM 식품의 상업화에 대해 비판적 입장을 취하고 있었다 (Rothenberg & Macer, 1995). 그러나 이 같은 움직임이 플레이버 세이버의 실패에 결정적 역할을 하지는 않은 것으로 보인다.

플레이버 세이버의 사례는 소비자가 GM 식품을 선택할 때 맛과 같은 품질이 뛰어나다고 판단하면 비싼 가격을 지불해도 구매할 수 있다는 점을 보여주고 있다. 이 경우 표시제는 구매를 자극하는 데 긍정적인 방향으로 작용했다.

한편 이와 반대로 품질이 기존 식품과 유사하다 해도 가격이 저렴하면 소비자가 GM 식품을 구매할 수 있다는 사례도 제시됐다. 즉 소비자는 GM 식품에 대해 품질과 가격 면에서 상대적으로 이익이 있다고 판단하면 구매 결정을 내릴 수 있다. 이 경우 역시 표시제는 구매 자극에 긍정적으로 작용한다.

1996년 영국의 제네카Zeneca 사는 GM 토마토를 가공한 퓌레puree를 개발해 한동안 시판에 성공했다(Goddard, 1998). 제네카 사는 플레이버 세이버와 유사하게 유전자 재조합 기술을 활용, 1994년 미국 캘리포니아 주에서 무르지 않는 토마토를 개발해 1996년 미국 식품의약국의 판매 승인을 받았다. 이 제품은 플레이버 세이버와 달리 토마토를 으깨고 물을 섞어 만든 가공식품이었다. 운송 도중 토마토가 물러지더라도 가공 과정에서 버리지 않아도 되기 때문에 제네카 사는 플레이버 세이버 같은 경제적인 손실을 막을 수 있었다. 이 제품의 가격은 기존의 토마토 퓌레보다 20% 저렴하게 책정됐으며, 1999년까지 영국 세이프웨이Safeway, 세인스버리Sainsbury's 등 대형 상점에서 180여만 개의 제품이 인기리에 판매됐다. 제품에는 GM 토마토를 사용했다는 표시가 붙어있었다.

그러나 소비자의 입장에서 가격이나 품질 어느 한 쪽에 우위가 있다 해도 GM 식품이 건강에 위험할 수 있다는 정보가 제공되면 구매를 거부할 수 있다. 제네카 사의 GM 토마토 퓌레가 대표적인 사례이다.

1998년 8월 10일 영국 로웨트 연구소Rowett Research Institute 소속 아르파드 푸스타이Arpad. Pusztai 박사는 유력한 방송 프로그램 〈월드 인 액션World in Action〉에 출연해 GM 식품의 위험성을 알리는 연구 결과를 발표해 주목을 받았다. 그는 아직 논문을 완성한 상태는 아니었지만 몇몇 주요 결과를 소개할 필요가 있다고 판단했다.

푸스타이 박사는 살충 성분인 렉틴이라는 단백질을 분비하도록 만든 GM 감자에 대해 동물실험을 수행하고 있었다. 그는 이 감자를 먹인 쥐를 관찰한 결과 면역 체계에 심각한 결함이 발생했다고 설명했다. 소화기관에서 암 덩어리로 자랄 수 있는 세포들을 발견했으며, 각종 내장 기관들이 비정상적으로 발달할 가능성을 확인했다는 내용이었다. GM 식품의 위험성에 대한 불안감은 폭발적으로 증가했다. 같은 날 로웨트 연구소는 푸스타이 박사의 발언과 비슷한 내용의 보도 자료를 배포하기도 했다.

그러나 어떤 이유에서인지 로웨트 연구소는 곧바로 이를 번복하면서 푸스타이 박사의 실험 내용이 과학적으로 불확실하며, 푸스타이 박사가 연구소를 떠날 것이라고 밝혔다. 푸스타이 박사가 GM 감자와 다른 독성이 있는 감자를 먹인 쥐를 혼동했다는 궁색한 변명도 나왔다(윌리엄 엥달, 2009).

하지만 유럽의 소비자들은 이 같은 번복에 별다른 영향을 받지 않았으며, GM 식품의 안전성에 대한 우려는 계속 확산됐다. 결국 유럽연합은 1998년 GM 식품의 생산 및 유통에 관한 모라토리엄을 선언했으며, 1999년 제네카 사의 GM 토마토 퓌레는 판매가 중단되기에 이르렀다(UK

Parliament, 1999).

학계에서는 푸스타이 박사가 부당하게 해고됐으며, 그의 연구 결과는 과학적으로 신뢰할 만하다고 주장하고 나섰다. 1999년 2월 13개국의 과학자 30명이 푸스타이 박사를 지지하는 공개서한에 서명했으며, 이 서한은 영국의 일간지 〈가디언Guardian〉에 게재됐다. 그러자 같은 해 6월 영국 왕립협회가 나서 "푸스타이 박사 연구에 결함이 많다"는 내용의 성명을 발표했다. 이어 10월 푸스타이 박사는 영국의 저명한 학술지 〈랜싯The Lancet〉에 연구 논문을 게재할 수 있었다. 하지만 이후 푸스타이 박사는 연구를 수행하지 못했고 다른 학자들의 재연 실험도 이뤄지지 않았다(윌리엄 엥달, 2009; 김명진 2008. 5/6).

푸스타이 박사의 발표가 있은 지 14년 후인 2012년 9월 프랑스의 연구진이 GMO의 안전성에 대해 심각한 우려를 표명한 연구 결과를 발표해 전 세계의 주목을 끌었다. 푸스타이 박사와 다르게 연구 논문을 전문 학술지에 발표한 점, 처음으로 장기간에 걸친 동물실험을 수행한 점, 그리고 이미 세계인이 먹고 있는 GMO를 대상으로 실험했다는 점 등 때문에 이 연구 결과는 GMO 개발자와 소비자, 그리고 각국 정부 모두에 상당한 영향을 미칠 수밖에 없었다.

프랑스 캉Caen 대학교 질에리크 세랄리니Gilles-Eric Séralini 교수가 이끄는 연구진은 몬산토 사의 제초제 '라운드업'에 내성을 갖도록 만든 GM 옥수수 NK603와 라운드업을 쥐에게 먹이면서 신체 기능의 변화를 관찰했다 (Séralini, G. et. al, 2012). NK603은 이미 세계 각국에서 안전성 승인을 받아 소비되고 있는 품목이다. 연구진은 실험 결과 NK603과 라운드업을 먹지

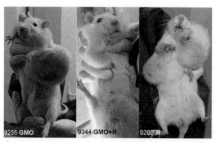
세랄리니 교수 연구진은 NK603과 라운드업을 먹은 쥐에서 유선 종양과 간과 신장 손상이 크게 늘어났다는 점을 발견했다.
ⓒ Séralini, G. et. al, 2012

않은 대조군에 비해 이를 먹은 쥐에서 유선 종양과 간과 신장 손상이 크게 늘어났다는 점을 발견했다.

실험 대상은 암수 각 100마리씩 총 200마리의 쥐였다. 연구진은 암수 열 마리씩 한 개의 그룹으로 묶어 총 열 개 그룹을 만들었다. 한 개 그룹은 대조군으로 설정하여 일반 옥수수와 물을 먹였다. 세 개 그룹은 일반 옥수수와 비율을 달리한 제초제를 섞은 물을 먹였다. 나머지 여섯 개 그룹에는 NK603 옥수수를 비율을 달리해 먹이로 제공했다. 이 여섯 개 그룹 중 세 그룹은 제초제가 섞인 물을, 나머지 세 그룹은 보통 물을 먹었다. 즉 이 실험은 GM 옥수수와 제초제가 쥐의 건강에 미치는 영향을 파악하기 위해 설계됐다.

보통 NK603을 비롯한 GMO의 동물실험은 최대 90일을 넘지 않는다. 하지만 프랑스 연구진은 쥐의 평균 수명 기간인 2년에 걸쳐 상태를 관찰했다. 실험 결과 암컷이 수컷보다 이상 증세가 심각하게 나타났다. 이는 NK603이나 라운드업에 대한 반응 민감도가 성性에 따라 달라진다는 점을 시사한다. 또한 NK603과 라운드업 둘 다 쥐에 이상 증세를 일으키는 것으로 나타났다.

여기서는 NK603를 섭취한 암컷 쥐에 대한 실험 결과를 살펴보자. 먼저 NK603을 섭취한 24개월 초의 암컷 쥐는 50~80%가 종양을 갖고 있었다. 많게는 세 개의 종양을 가진 쥐도 있었다. 이에 비해 대조군에서는 30%

생명공학 소비시대 알 권리 선택할 권리

정도에서만 종양이 나타났다.

실험군에서 암컷 쥐가 조기에 사망한 비율은 최고 70%에 달했다. 이에 비해 대조군의 조기 사망률은 20% 정도였다. 종양의 크기는 대조군에 비해 실험군 쥐가 두세 배 컸다. 종양이 나타난 시기도 실험군은 7개월, 대조군은 14개월로 차이를 보였다.

이 연구 결과는 2012년 9월 미국의 전문 학술지 〈식품과 화학독성학 Food and Chemical Toxicology〉의 온라인판에 공개됐다. 이 발표로 한동안 GMO 의 안전성을 둘러싼 논란은 다시 확대될 전망이다. 프랑스 정부는 즉각 이 연구 논문을 검토한 후 유럽연합에 새로운 조치를 취하라고 촉구할지 여부를 결정하겠다고 밝혔다. 그리고 역시 과학계에서 즉각적인 반박이 제기됐다. 실험 자체가 과학적으로 문제가 있기 때문에 그 결과를 신뢰할 수 없다는 내용이었다.

프랑스 연구진이 사용한 쥐가 원래 유방암에 잘 걸리는 종류라는 점, GM 옥수수가 곰팡이에 감염됐는지 여부가 제시되지 않아 NK603이 종양 발생의 확실한 원인이라고 장담할 수 없다는 점, 실험군에서 대조군 보다 더 건강하게 생존한 쥐도 있으며 대조군 수가 실험군에 비해 너무 적다는 점을 비롯해 신뢰할 수 없는 통계 자료와 기법을 통해 결과를 도출했다는 점 등이 지적됐다.

연구를 지원한 기구의 공정성도 문제 삼았다. 이번 연구는 프랑스 파리에 위치한 CRIIGEN Committee for Research and Independent Information on Genetic Engineering 으로부터 연구비를 지원받았는데, 이 기구는 원래 GMO에 반대하는 성향을 가졌으며 연구를 주도한 세랄리니 교수는 이 기구의 과학위원회 수장이라는 것이다.

NK603에 대한 프랑스 연구진의 동물실험 논문이 향후 어떤 과정을 거치며 과학계에서 평가받을지 알 수 없다. 그동안의 많은 사례가 그랬듯 찬반 논란이 지속되면서 뚜렷한 결론이 나오지 않을 수도 있다. 다만 GMO의 안전성을 좀 더 명확히 판단하기 위해서는 현재보다 장기적인 생체 실험이 필요할 수 있다는 점을 분명히 시사하고 있다.

GMO의 생태계 유출과 오염

GMO가 주변 작물이나 생태계 전반에 어떤 영향을 미치는지를 다루는 환경 위해성 쟁점은 직접 GMO를 재배하는 국가에서 활발히 논의되고 있다. 하지만 GMO를 수입하는 한국에서도 환경 위해성 문제가 가시화되고 있다. 그 문제는 크게 승인 심사의 어려움과 수입 GMO의 국내 생태계 유출 사건으로 대별될 수 있다.

먼저 환경 위해성에 대한 승인 심사가 어렵다는 사실은 《바이오안전성백서》(지식경제부 외, 2009)에 잘 소개돼있다. 가장 큰 문제는 GMO의 환경 위해성을 평가할 수 있는 기술이 세계적으로 부족하기 때문에 해당 자료 역시 부실한 상황이라는 점이다.

먼저 GMO가 자연 생태계에 미치는 영향에 대한 평가에서 외국의 평가 자료 자체가 부족하다는 사실이 지적됐다. 《바이오안전성백서》에 따르면 2009년 4월 기준으로 콩 다섯 건, 옥수수 일곱 건, 카네이션 네 건, 잔디 한 건, 면화 한 건 등 총 열여덟 건의 심사 요청이 접수됐는데, 이 가운데 콩 세 건과 옥수수 한 건이 안전성 승인을 받았고 한 건은 취소됐

생명공학 소비시대 알 권리 선택할 권리

으며 나머지는 심사 중인 상황이다. 그런데 《바이오안전성백서》에는 "현재까지는 국내외적으로 LMO가 자연 생태계에 미치는 영향에 대한 표준화된 기법이나 가이드라인이 갖추어지지 못한 것이 현실"이며, "자연 생태계의 범위가 매우 방대하기 때문에 모든 위해 대상을 평가하여 심사할수는 없는 것이 현실일뿐더러, 아직까지 자연 생태계에 미치는 영향을 심사하기에는 평가 자료가 부족한 것도 현실적인 한계라고 보여진다"고 언급돼있다.

환경 위해성 평가에서 가장 난항을 보이는 분야는 해양생태계에 미치는 영향에 대해서이다. 이 경우는 외국의 평가 자료 자체가 자격 미달이라 해도 부적합 판정을 내릴 만한 과학적 근거 역시 미약해서 어쩔 수 없이 합격 판정을 내리는 상황이다. 《바이오안전성백서》에 따르면 해양생태계의 환경 위해성은 원형 상태로 수입이 요청되는 GM 농산물이 해양환경에 비의도적으로 방출되는 경우에 해당하며, 2009년 3월 기준으로 콩 세 건, 대두 한 건, 옥수수 네 건, 면화 한 건 등 총 아홉 건에 대한 심사가 완료됐거나 진행 중이다.

그러나 2009년 4월 기준으로 '해양용 또는 수산용 LMO 평가 기관'으로 지정받은 곳은 부경대학교 해양수산형질전환생물연구소가 유일하다. 또한 《바이오안전성백서》는 이 가운데 심사가 완료된 콩 세 건과 옥수수 한 건에 대한 평가 자료와 관련해 다음과 같은 사항을 지적했다. "가장 큰 어려움은 현행 LMO법에 반하지 않는 범위 내에서 평가 자료의 제출 혹은 보완을 요구해야 하나, 수서 생태계 혹은 해양생태계라는 특수 환경을 고려할 수 있는 평가 자료가 거의 전무한 실정에서 심사를 수행한다는 것이다." 즉 의뢰인에게 국립수산과학원이 추가로 자료 제출을 요구하는 경우, 최종적으로 제출된 자료가 해양생태계 내 생물에 대한 직접적인 위해성 평가 자료가 아닐 경우라도 새롭게 위해성 평가 자료를 요구할 수 없다. 또한 기존에 제출된 자료를 재가공해서 제출한다 해도 그 자료를 토대로 환경 위해성 평가 및 심사를 할 수밖에 없는 실정이다.

자연 생태계나 해양생태계에 대한 자료에 비해 GMO가 작물 재배 환경에 미치는 영향에 대한 자료는 비교적 내용을 잘 갖춘 것으로 보인다. 《바이오안전성백서》에 따르면 2003년 9월부터 국내에 수입되는 GM 농산물에 대한 심사가 진행 중인데, 2009년 4월 기준 65건이 접수됐으며 이 가운데 환경 위해성 심사가 완료된 품목은 48건이다. 일례로 제초제 내성 콩(40-3-2 계통)은 제초제의 일종인 글라이포세이트glyphosate에 저항성을 갖도록 일반 재배용 콩인 A5403 계통에 CP4 EPSPS 유전자를 삽입해 만들어졌다. 이미 미국, 캐나다, 유럽연합 등 15개국에서 식용과 사료용으로 승인됐으며 국내에서도 2000년 식품의약품안전청으로부터 인체 위해성에 대한 안전성 승인을 받은 상태였다. 2003년 8월 농림수산식품부 산하 농촌진흥청은 이 콩의 환경 위해성을 심사한 결과 안전하다고 판단했다. 그 이유는 유통되는 과정에서 '비의도적으로 방출될 가능성'이 희박하고 유전자 이동이 일어날 확률이 거의 없어 뚜렷한 환경적 영향을 미친다고 보기 어렵기 때문이었다.

하지만 '비의도적으로 방출될 가능성'은 희박하지 않았다. 실제 한국 사회에서 관련 사건이 벌어졌다. 2010년 11월 국내 매스컴은 수입 GMO의 환경 위해성 문제를 집중적으로 보도하기 시작했다. 2009년 수입

GMO가 운송 과정 중 유출돼 전국 26곳에서 자라고 있다는 사실이 밝혀진 것이 계기가 되었다.

환경부 국립환경과학원은 국내 식품 및 사료 공장 228곳을 조사한 결과 26곳에서 GMO가 유출된 것을 확인했다고 밝혔다. 유출된 종류는 옥수수, 면화, 유채였다. 사료 공장 아홉 곳, 운송로 열네 곳, 이들의 주변 텃밭 두 곳, 축사 한 곳에서 GMO가 발견됐다. 항만으로 수입돼 식품 및 사료 공장으로 운송되는 과정에서 GM 농산물이 유출된 것이다. 그중 열한 곳에서는 이미 싹을 틔워 자라고 있었다. 나머지 열다섯 곳에서는 알곡 상태로 발견됐다.

그리고 2012년 12월 GMO 유출 문제는 다시 한 번 국내 매스컴의 조명을 받았다. 국립환경과학원이 2009년부터 2011년까지 조사한 GMO 유출 실태가 공개된 것이다. 국립환경과학원의 보고서(김태성 외, 2010; 2011)에 따르면 GMO로 의심되는 식물체와 알곡에 대해 1단계 단백질 검사와 2단계 유전자 검사를 시행한 결과 GMO로 최종 확인된 건수는 2009년 열아홉 건(옥수수 열일곱 건, 유채 한 건, 면화 한 건), 2010년 열두 건(옥수수 여덟 건, 면화 네 건)이었다.

콩의 경우 2010년 단백질 검사에서는 네 건이 GMO로 추정됐지만 유전자 검사에서는 확정되지 않았다. 그 이유는 국립환경과학원이 당시까지 콩에 대한 유전자 검사 기법을 확보하지 못했기 때문이었다.

유출된 GMO는 얼마나 광범위하게 자라고 있을까. 보고서에 따르면 대부분이 단독 개체 형태로 자생했다고 한다. 다만 2011년에 군락(개체군)을 형성한 경우가 한 건 발견됐으나 이후 안전 관리 계도로 제거된 것으로 보인다고 한다. 보고서는 또한 GMO가 발견된 지역 주변이 콘크리트, 시멘트, 아스팔트 등으로 포장돼있기 때문에 생태계로 유출될 우려가 없다는 의견을 제시했다.

국립환경과학원의 보고서는 국내에서 GMO가 전국 곳곳에서 지속적으로 자라고 있다는 사실을 공식적으로 확인했다는 점에서 의미가 크다. 향후 검사 기법이 발달될수록 확인될 유출 건수가 증대할 것은 자명해 보인다. 그리고 이들 GMO가 생태계에 어떤 영향을 미칠지를 과연 얼마나 과학적으로 규명할 수 있을지는 미지수이다.

한편 보고서에서 제시된 조사 구역 가운데 특이한 곳이 눈에 띈다. '축제지'이다. GM 농산물이 아닌 GM 관상식물(화훼)이 발견된 것이다. 해당 구역은 유채꽃 축제가 펼쳐진 단지였다.

2012년 12월 2일 〈연합뉴스〉 기사에 따르면 국립환경과학원이 유채꽃 축제지에서 발견한 GMO 의심 사례는 65건이었고, 이 가운데 단백질 검사에서 GMO로 추정된 건수가 23건이었다고 한다. 당시 국립환경과학원 관계자는 인터뷰에서 "축제용으로 GM 유채를 파종하고 행사 후 뒤엎는 과정에서 유출된 것 같다"고 말했다. 이 추측이 사실로 드러난다면 비단 농산물뿐 아니라 관상식물도 한국의 생태계를 교란시킬 수 있는 GMO 종류라는 점이 확인되는 것이다. 또한 축제용이라 해도 국내에서 GM 종자를 심을 수 있는지, 누가 그 실태를 감독하고 있는지, 사후 책임은 누가 질 것인지 등 GMO 관리와 관련된 주요 이슈들이 부각될 수밖에 없다. 기사에 따르면 2011년 단백질 검사와 유전자 검사를 거쳐 최종 확인된 GMO는 열세 건이며, 그 작물별 내역은 2013년 초에 공개될 예정이다.

GMO가 우리 땅에서 자라고 있다는 사실은 무엇을 의미할까. GM 농산물이 우리 농산물에 섞여 들어갈 가능성이 있다는 뜻이다. GM 옥수수가 기존 옥수수밭에서 섞여 자랄 수도 있고, 또한 GM 옥수수와 기존 옥수수가 자연 교배를 일으켜 새로운 품종이 생길 수도 있다. 이런 상황에서 어느 틈엔가 GM 종자가 기존 종자와 섞여 유통될 가능성도 있다. 농업 생산자와 소비자 모두에게 영향을 주는 사안이다.

특히 유기농을 실천하고 있는 농가로서는 황당한 일일 수밖에 없다. 그리고 GMO가 유기농에 침투하는 일을 둘러싼 우려와 논란은 외국에서 이미 진행되고 있는 현실이다. 세계인이 유기농을 선호하는 이유 중 하나는 GMO를 꺼리기 때문일 것이다. 당연히 정부가 인증한 유기농 제품에는 GM 농산물이 포함될 수 없다. 소비자는 유기농 제품에 GM 농산물이 100% 포함되지 않았기를 기대한다. 그러나 제아무리 정부가 인증한 유기농이라 해도 약간의 GMO가 섞일 수밖에 없는 것이 현실이다. 세계적인 유기농 재배국인 미국에서도 이 사실 때문에 논란이 일고 있다.

미국의 유기농 시장은 최근 급성장하는 추세이다(농협경제연구소, 2012. 2. 27). 유기농 경작지 면적은 2003년 59만 헥타르에서 2006년 70만 헥타르로 확장됐다. 유기농 총수입은 2006년에 19조 원에 달했으며 매년 빠르게 늘어나고 있다고 한다.

미국은 또한 GM 농산물 생산에서 세계 선두 주자이다. 1994년 처음으로 GMO 제품을 승인했으며, 현재까지 세계 최대 GMO 경작 면적을 보유하고 있다. 당연히 GM 농산물의 최대 수출국이기도 하다.

현 단계에서 GMO를 반대하는 미국 소비자들이 안심할 수 있는 제품이 있다. 미국 농무부USDA, U.S. Department of Agriculture에서 '유기Organic' 인증 표시를 부여받은 제품이다. 화학 비료와 농약을 사용하지 않고 기른 농산물과 이를 재료로 삼아 가공한 식품 등이 인증 대상에 속한다.

미국의 유기 인증 표시는 세 가지로 구분된다(GMO-awareness.com). '100% 유기100% Organic', '유기Organic 또는 USDA Organic, Certified Organic' 그리고 '유기 성분으로 만든Made with Organic'이다.

'100% 유기' 인증은 물과 소금을 제외하고 유기적으로 생산된 재료 100%를 포함한 경우에 부여된다. '유기' 인증은 그 비율이 95% 이상인 경우, 그리고 '유기 성분으로 만든' 인증은 70% 이상인 경우에 해당한다. 나머지 5%나 30%에 GMO가 조금이라도 섞여있어서는 안 된다. 미국 농무부는 유전자를 변형하는 생명공학 기술이 적용된 농산물이나 식품은 '유기' 자격이 없다고 분명히 밝히고 있다.

하지만 유기 인증 표시에 대한 우려의 목소리가 나오고 있다. 미국 소비자는 물론 유기 농산물 재배자도 목소리를 높이고 있다. 유기 인증 표시를 우려하는 한 가지 주요 이유는 GMO의 생태계 유출 때문이다. 아무리 유기 농산물을 재배한다 해도 다른 지역에서 재배되는 GMO 꽃가루가 날아오거나 아예 GMO 종자가 이동해 와 유기 농산물 경작지에 섞여들 수 있기 때문이다. 유기 농산물 재배자는 이를 '오염contamination'이라고 부르며 신경을 곤두세우고 있다.

실제로 유기 인증을 받은 농산물을 재배하다가 주변의 GMO가 경작지에 섞여드는 바람에 유기 인증을 상실한 사례가 외신을 통해 곧잘 보도되고 있다. 이런 상황이다 보니 유기농 인증 표시에 대한 소비자의 신뢰도가 떨어질 수 있다. 그래서 "유기농은 항상always 비GMO인가? 아니다. 대개usually 그렇다"는 표현도 등장하고 있다.

　미국에서 일군의 유기 농산물 재배자들은 주변 지역에 가축 사료로 주로 쓰이는 GM 알팔파의 재배가 승인됐을 때, GMO의 오염과 관련된 많은 질문을 미국 농무부에 던졌다. 미국 농무부가 2011년 4월 15일 발표한 공식 자료를 보면 유기 농산물 재배자의 우려가 틀리지 않았다는 점을 알 수 있다. GMO를 의도적으로 재배한 것이 아니라 우연히 섞여 재배된 것이라면 유기농 인증 프로그램을 위반했다고 볼 수 없다는 입장이었다. 미국 농무부가 유기 인증을 부여할 때는 농산물이나 식품을 생산하는 과정을 검토해 적격성을 판단한다. 최종 산물을 일일이 확인해 GMO가 포함돼있는지 여부를 검사하는 것이 아니다. 따라서 우연히 포함된 GMO 자체만으로는 유기 인증 프로그램을 위반했다고 볼 수 없다.

유기농 동등성 협약과 GMO

　미국에서 진행되는 GMO와 유기농을 둘러싼 논란은 한국과 무관하지 않아 보인다. 조만간 한국이 미국의 유기농 제품을 수입하는 과정이 훨씬 수월해질 수 있기 때문이다.

　2012년 2월 15일 미국과 유럽연합은 상대국의 유기농 인증 제도를 똑같이 인정하는 '유기농 동등성 협약Organic Equivalence Arrangement'을 체결했다(농협경제연구소, 2012. 2. 27). 이에 따라 6월 1일부터 유기농 인증을 받은 농식품을 상대국의 유기 인증 절차 없이 'organic' 표기를 해서 판매할 수 있게 됐다. 그리고 국내 관계자들은 다음 수순으로 조만간 미국을 비롯한 유기농 수출 강국들이 한국에 이 협약 체결을 요구할 것으로 전망하고 있다.

한국 정부는 이 같은 흐름에 대비해 법령 개정 작업을 진행 중이다. 2012년 6월 1일 농림수산식품부는 기존의 '친환경농업육성법'을 개정해 '친환경농어업 육성 및 유기식품 등의 관리·지원에 관한 법률'을 공포했다. 개정법의 중요한 취지는 그동안 농산물·가공식품·수산물 등으로 각기 따로 운영돼온 국내 인증제를 통합해 관리한다는 내용이다.

그런데 개정법은 외국의 유기 가공식품 인증 제도와 우리나라 인증제의 동등성을 인정하는 근거를 마련했다. 개정법에 따르면 '유기 가공식품'은 "유기 농수산물을 원료 또는 재료로 하여 제조·가공·유통되는 식품"을 말한다.

농림수산식품부에 따르면 유기 가공식품 동등성 인정 규정은 외국과의 불필요한 통상 마찰 문제를 피하고 국내 유기 가공식품 원료 수급을 원활하게 해 유기 가공식품의 지속적이고 안정적인 공급을 가능하게 하기 위한 것이다. 개정법에 따라 향후 1년간 시행령과 시행규칙을 마련해 2013년 5월 31일부터 법을 시행할 예정이다. 다만 외국의 유기 가공식품에 대한 동등성 인정 관련 규정은 관련 상대국들과의 협상이 필요해 2014년 1월 1일부터 시행한다.

이에 따라 협약 체결에 대한 찬반 입장이 나오고 있다. 국내 유기농 시장의 위축을 우려하는 목소리와 함께 소비자에게 선택 폭을 넓혀줄 수 있다는 이야기도 들린다. 하지만 이에 덧붙여 과연 GMO 재배국에서 수입되는 유기 제품이 GMO로부터 얼마나 자유로운지 검토할 필요가 있다.

GMO가 기존 농토에 침투하는 일은 농업 생산자에게 또 다른 골칫거리로 다가올 수 있다. 바로 지식재산권 문제이다. 상업화된 모든 GMO에는 특허가 걸려있다. 만일 GM 종자가 기존 농가에서 자라고 있다면 개발자는 해당 농업 생산자에게 특허 사용료를 요구할 수 있다. 일명 '슈마이저 소송 사건'으로 불리는 실제 사례를 살펴보자.

1998년 몬산토 사는 캐나다 중남부에서 유채를 재배하던 농부 퍼시 슈마이저를 상대로 법원에 14만 5,000달러의 손해배상을 청구했다. 슈마이저가 재배하는 유채밭에서 자사의 GM 유채가 자라고 있으며, 이는 슈마이저가 특허 사용료를 내지 않고 재배한 행위라는 이유였다.

문제는 슈마이저가 원래 GM 유채를 기를 생각이 없었고, 자신도 모르는 사이에 우연히 밭에 GM 유채가 자라고 있었다는 점이었다. 하지만 법정은 결국 몬산토 사의 손을 들어줬다. 다만 슈마이저에게 실질적 이득이 없었기 때문에 배상은 면제해줬다. 슈마이저의 입장에서는 부당할 수밖에 없는 상황이다.

슈마이저 소송 사건과 마찬가지로 한국의 농가에서 자라고 있는 GMO에 대해 몬산토 사를 비롯한 GMO 개발 회사들이 손해배상을 청구할 수 있지 않을까. 최근의 동향을 보면 반드시 그렇지는 않은 듯하다. 오히려 GMO에 침해를 당한 농가에서 소송을 제기할 수 있는 근거가 국제 협약 차원에서 제시되고 있기 때문이다.

GMO의 국가 간 안전한 이동에 관한 협정문인 '카르타헤나 의정서'는 제27조에 GMO에 대한 책임과 구제에 관한 내용을 담고 있다. GMO가 국가 간에 이동할 때 발생하는 피해의 책임과 구제에 관해 이후 국제 규칙과 절차를 적절하게 제정하는 논의 절차를 채택하도록 규정하고 있다. 이에 따라 2010년 10월 15일 일본 나고야에서 개최된 제5차 의정서 당사국 회의에서 추가 의정서가 채택됐다(한국바이오안전성정보센터, 2011. 7). 정식 명칭이 길다. '바이오 안전성에 관한 카르타헤나 의정서의 책임 및 구제에 관한 나고야 쿠알라룸푸르 추가 의정서'이다.

추가 의정서 채택에 따라 한국을 비롯한 의정서 당사국들은 자국의 실정에 맞게 GMO로 피해가 발생했을 때 이를 해결할 수 있는 법률 체계를 만들어야 한다. 수입이 승인된 GMO로 사후에 어떤 형태로든 피해가 발생했다면 민사 절차를 거쳐 이에 대한 배상을 받을 수 있도록 규정한 것이다. 당사국들은 기존의 법률을 활용해도 되고, 새로운 민사 책임 규칙과 절차를 개발할 수도 있다.

예를 들어 수입된 GM 옥수수가 국내 옥수수밭에 자라고 있어 농가에 경제적 손해를 입혔다면, 해당 농가는 사업자에게 민사 소송을 통해 피해 배상을 요구할 수 있다. 여기서 사업자란 생산자, 수출자, 수입자, 운반자 등 개발에서 유통까지 관련되는 사람을 모두 포함한다. GMO가 환경에 방출되는 문제는 공익적 요소도 강하게 포함하기 때문에 환경 집단소송도 가능할 수 있다(박기주, 2011. 7: 56).

물론 이 과정은 결코 쉽지 않다. 정말 GM 옥수수 때문에 손해를 입었는지 인과관계를 밝혀야 하고, 어느 정도의 피해가 발생했는지 배상금은 얼마가 적절한지 등에 대해 객관적인 파악이 필요하다. 다양한 사업자 가운데 과연 누구에게 책임이 있는지 규명하기도 어렵다. 그럼에도 추가 의정서는 한국 같은 GMO 수입국에서 발생할 수 있는 피해에 대해 보상받을 수 있는 근거를 공식적으로 마련했다는 점에서 큰 의미가 있다.

다만 추가 의정서의 적용 대상에는 GM 농산물에 해당하는 'LMO'만 명시됐을 뿐, GM 식품에 해당하는 'LMO 제품product thereof'은 포함되지 못했다. GM 식품에 대해서는 각국의 입장이 달랐기 때문이었다. 예를 들어 GM 콩은 추가 의정서의 적용 대상이지만 GM 콩으로 만든 콩기름 원유는 적용 대상이라고 명확히 말하기 어렵다. 하지만 제5차 당사국 회의 최종 보고서에는 "문제가 되는 LMO와 피해 간의 인과관계가 성립한다면

생명공학 소비시대 알 권리 선택할 권리

그로부터 유래한 가공 물질로부터 발생한 피해에 대해 당사국들이 추가 의정서를 적용할 수 있다"는 문구를 남겨둠으로써 GM 식품으로 인한 피해 배상의 길을 열어놓고는 있다.

한국 정부는 현재 추가 의정서의 내용을 반영한 새로운 법률 체계를 어떻게 구성할지에 대해 논의하고 있다. 하지만 관련 입법 예고안이 언제 나올 지는 정확하지 않다. 빠르면 2013년 하반기에 각계의 입장을 반영한 입법 예고안이 공표될 수 있다. 한국의 소비자로서는 이 법률안이 얼마나 소비자의 입장을 반영하고 있는지 지켜보고 의견을 적극 개진할 필요가 있다.

그러나 미국을 비롯한 주요 GMO 재배국들이 카르타헤나 의정서 자체에 가입하지 않았기 때문에 추가 의정서의 '당사국'에 해당하지 않는다는 문제가 있다. 미국, 아르헨티나, 캐나다, 우루과이, 오스트레일리아, 칠레 등 6개국은 세계 GMO 경작 면적의 70% 정도를 차지하고 있지만, 모두 카르타헤나 의정서에 가입하지 않았다.

GMO의 국내 유출 사건은 한동안 사회적으로 떠들썩하다가 점차 잠잠해지고 있다. 관할 부처인 환경부는 수입 GMO의 유출에 대해 적극 대응하겠다는 의지를 밝히고 있는 상황이다. 일례로 2011년 12월 9일 자 국립환경원 보도 자료에 따르면, 국내 수입 GMO의 유출 현황을 파악하기 위해 20개 품목의 'GMO 유전자 분석법'을 개발했으며, 2014년까지 국내 수입 GMO의 95% 이상에 대한 분석법을 확립할 계획이라고 한다. 《LMO 작물과 근연종 식별자료집》을 발간해 주변에 GMO로 의심이 가는 농산물을 확인할 수 있도록 관련 정보를 제공하기도 했다. 국립환경원의

국립환경원의 LMO 환경안전성센터 웹사이트는 '무단방출 LMO 신고' 게시판을 운영하고 있다.

LMO 환경안전성센터 웹사이트211.114.21.20/lesc/main.action의 'Green LMO 국민참여' 코너에는 유출된 GMO를 발견했을 때 신고해줄 것을 당부하는 게시판이 운영되고 있기도 하다.

하지만 유출된 GMO에 대한 정보 공개가 제대로 이뤄지지 않는 점은 문제이다. GMO가 얼마나 유출돼 자라고 있으며 이로 인한 피해 여부와 피해 규모가 어느 정도인지 등을 국민에게 명확히 알려야 한다.

사실 2012년 12월 국립환경과학원이 관련 자료를 공개한 것은 2010년 처음으로 GMO 유출 소식이 알려진 이후 국내 시민 환경 단체들이 지속적으로 정보 공개를 청구한 결과물이었다. 이번 정보 공개 청구를 주도한 환경운동연합 최준호 국장에 따르면, 2010년 이후의 GMO 국내 유출 실태 조사 결과를 얻는 데까지 오랜 시간과 노력이 필요했다고 한다. 국립환경과학원이 매년 실태 조사를 수행한 것은 사실이었는데, 관련 자료를 자발적으로 공개하지 않은 이유는 무엇일까.

필자는 이 같은 궁금증 속에서 다소 의아해지는 정부의 웹사이트 내용을 발견했다. 농림수산식품부의 농식품안전정보서비스search.foodsafety.go.kr에는 일본 정부가 GMO의 유출 현황에 대해 조사한 결과가 번역돼있다. 자료를 보면 일본 정부가 2005년부터 GMO의 유출 실태와 주변 농산물에 미치는 영향에 대해 조사해왔으며, 그 결과를 정기적으로 공개하고 있음을 알 수 있다. 한국 정부가 관련 자료를 적극 공개하지 않으면서 일본의 상황을 번역해 알려주고 있다는 점이 의아하다. 독자가 참고할 만하다고 생각하기 때문에 여기서 번역된 원문을 그대로 소개한다.

일본, 2011년도 '유전자 변형 식물 실태 조사' 결과에 관하여

1. 농림수산성은 2006년도부터 유전자 변형 식물이 그 생육 범위가 확대되거나, 유전자 변형 식물에 포함된 유전자가 교잡 가능한 주변 종으로 퍼지게 되는 것을 알기 위하여 수입항 주변 지역에서 유전자 변형 유채 생육 상황과 그 주변 종(갓, 종래 유채)과의 교잡 상황을 조사하고 있다. 2009년도부터 콩과 그 주변 종(돌콩)에 관해서도 대상을 추가하여 조사하고 있다.

2. 2010년도 조사에서 유채종은 2009년까지와 마찬가지로 유전자 변형체의 생육 범위 확대는 발견되지 않았다. 또한 유전자 변형 콩과 돌콩의 교잡체도 발견되지 않았다.

3. 2011년도에도 조사를 계속하고 있으며 2009년부터 3년 동안의 결과를 정리하여 공표할 예정이다.

■ 조사 배경과 취지

일본에서는 유전자 변형 농작물 수입과 유통에 앞서서 '유전자 변형 생물 등이 사용 규제에 따른 생물 다양성 확보에 관한 법률'에 의거하여 식물 품종별로 생물 다양성으로의 영향과 식품 사료로서의 안전성을 과학적으로 평가하고 있다.

농림수산성에서는 지금까지 유전자 변형 유채와 유전자 변형 콩에 관하여 운반 시에 누락되어 생육되어도 생물 다양성으로의 영향이 없다고 평가하고 수입과 유통을 인정하고 있다.

또한, 카르타헤나 법에 의거하여 승인 시에 예상되지 않았던 생물 다양성으로의 영향 발생 여부를 조사하기 위하여, 그리고 유전자 변형 식물의 생물 다양성으로의 영향을 염려하는 목소리에 응답하기 위하여 2005년부터 12개 수입항 주변 지역에서 유전자 변형 유채 생육 상황과 그 주변 종(갓. 종래 유채)과의 교잡 상황을 조사하고 있다.

2008년도까지 3년간 조사에서 각 연도의 유전자 변형 유채 생육은 거의 같은 장소에 한정되었고, 유전자 변형 유채와 교잡 가능한 주변 종인 갓과 종래 유채와의 교잡체는 발견되지 않았지만, 경시적인 변화를 관찰하기 위하여 계속하여 조사를 실시할 필요가 있다고 판단했다.

2009년도부터는 유채종에 관한 조사 대상항을 12개소로부터 18개소로 늘리고 각 항구 주변에서 유채류가 생육되고 있는 지역을 최대 45개 지점을 선정하고 각 지점으로부터 8개체의 식물체를 채취하여 생태적 특징에 의해 종을 동정하여 제초제 내성 단백질 유무를 검사하고 있다. 또한 조사 대상으로 추가된 콩과 돌콩에 관해서는 10개의 수입항 주변에서 콩과 돌콩이 생육되고 있는 지역을 4개 지점을 선정하고 각 지점으로부터 8개체의 식물체를 채취하여 생태적 특징에 의해 종을 동정하여 제초제 내성 단백질의 유무를 검사하고 있다.

■ 조사 결과

2010년도 조사 결과는 다음과 같다.

1. 유채종

(1) 18개 수입항을 조사하여 17개 항의 주변 지역에서 유채를 포함하는 유채종이 생육되고 있었다. 그중에서 변형된 유전자를 가진 유채는 9개 항구 주변지역에서 생육되고 있었다.(주1)

(2) 생육 지점으로부터 채취한 계 1,542개체의 유채류에서 2009년도 조사와 마 찬가지로 갓 또는 종래 유채와 유전자 변형 유채와의 교잡체는 발견되지 않 았다. 또한, 1,542개체 중에서 변형된 유전자를 가진 유채는 112개체였고, 111개체는 1종류의 제초제 내성 유전자를 가지고 있었으며, 1개체는 2종류 의 제초제 내성 유전자를 가지고 있었다.

	채취 개체 수	변형된 유전자를 가진 개체 수
유채	403	112
갓	863	0
종래 유채	276	0
합계	1,542	112

주1: 수입항명과 유채류의 생육 지역 등은 첨부 자료(〈2010년도 유전자 변형 식물 실태 조사 결과에 관하여〉 7~12항에 기재).

2. 콩 및 돌콩

(1) 10개 수입항을 조사하여 4개 항의 주변 지역에서 콩 또는 돌콩이 생육되고 있었다. 그중에서 변형된 유전자를 가진 콩은 2개 항의 주변 지역에서 생육 되고 있었다.(주2)

(2) 생육 지점으로부터 채취된 계 18개체의 콩 또는 돌콩에서 2009년도 조사와 마찬가지로 돌콩과 유전자 변형 콩과의 교잡체는 발견되지 않았다. 또한, 18개체 중에서 변형된 유전자를 가진 콩은 5개체였다.

	채취 개체 수	변형된 유전자를 가진 개체 수
콩	8	5
돌콩	10	0
합계	18	5

주2: 수입항명과 콩 및 돌콩의 생육 지역 등은 첨부 자료(〈2010년도 유전자 변형 식물 실태 조사 결과에 관하여〉 13~15항에 기재).

■ 금후의 대응

농림수산성은 2011년도에도 '유전자 변형 식물 실태 조사'를 계속 실시하고, 2008년도까지의 조사와 환경성이 실시한 조사 결과도 참고로 하여 2009년도부터 2011년도까지의 조사 결과를 종합적으로 해석할 예정이다.

또한, 2012년도 이후에도 2011년도까지의 조사 결과를 토대로 조사 내용을 파악하여 조사를 계속할지 결정할 예정이다.

〈첨부 자료〉
- 〈2009년도 유전자 변형 식물 실태 조사 결과에 관하여〉
- 〈2010년도 유전자 변형 식물 실태 조사 결과에 관하여〉

[자료 출처] 일본 농림수산성 소비안전국 농산안전관리과, 2011년 10월 14일 자 발표
[관련 URL] http://www.maff.go.jp/j/press/syouan/nouan/111014.html
[첨부 자료] 발표 자료 원문

수입 전후 안정성 검토의 공정성 문제

GMO를 수입할 때 안전성을 검토하는 심사위원회는 당연히 GMO에 대한 전문가들로 구성돼있을 것이다. GMO의 '과학적' 안전성뿐 아니라 '사회적' 영향을 고려하기 위해 이공계 전문가를 주축으로 하고 일부 인문사회계 전문가도 참여하고 있는 것으로 알려져 있다.

GMO를 우려하는 소비자 입장에서 심사가 공정하게 이뤄지고 있는지, 혹시라도 승인 이후에 안전성 문제가 발생한다면 대책이 마련돼있는지 궁금해질 수 있다. 이런 문제들에 대해 곰곰이 생각해보면 그 답을 명확하게 떠올리기 어려운 면이 있다.

생명공학 소비시대 알 권리 선택할 권리

먼저 수입 승인 절차를 생각해보자. 심사의 대상은 '서류'이다. 개발자가 몇 년에 걸쳐 안전성 검사를 실시했다는 점을 생각해보면, 심사위원회가 직접 안전성 실험을 수행하기란 현실적으로 불가능해 보인다. 심사위원회는 GMO 개발자가 작성한 서류의 진정성을 믿고 심사할 수밖에 없다.

다만 심사위원의 최종 판정 과정에서 어떤 식으로 협의가 이뤄졌는지가 궁금하다. 인체의 건강과 관련된 사안인 만큼 만장일치를 통해 최종 판정이 내려질 것으로 여겨진다. 하지만 일부 인문사회학계 인사도 포함된 만큼 안전성에 의문을 표하는 소수 의견도 있을 법하다. 그러나 공개된 심사 자료에는 최종 판정 결과만 담겨있기 때문에 심사 과정에서 논란이나 소수 의견이 있었는지 여부 자체를 확인할 수 없다.

심사위원이 누구인지도 궁금하다. 현직 변호사인 송기호는 《맛있는 식품법 혁명》에서 국내 심사위원 명단의 일부를 처음 공개했다. GMO의 인체 위해성을 검토하는 식품의약품안전청의 '유전자 재조합 식품 등 안전성 평가자료 심사위원회', 2010년 8월까지 별도 분과로 활동하며 인체 위해성 심사에 대한 자문을 수행해온 식품의약품안전청의 '식품위생 심의위원회 GMO 분과', GMO의 환경 위해성을 검토하는 농촌진흥청의 '유전자변형생물체 환경위해성전문가 심사위원회', 그리고 각 행정 부처의 행정을 총괄 조정하는 국무총리실 '식품안전정책위원회 신식품분과' 등 네 개 심사위원회의 명단이었다. 각 심사위원회는 15~20명의 심사위원으로 구성돼있다.

송기호는 심사위원의 공정성에 대해 의문을 표했다. 이들 명단에 정부와 기업에서 GMO를 개발하는 당사자가 포함돼있다는 점, 성격이 서로 다른 네 개 심사위원회에 중복 참여하는 심사자가 있다는 점 등의 이유 때문이다. 또한 송기호는 요청한 심사위원 명단을 모두 제공받지 못했다. 해당 기관에서 현직 위원 이름이 공개될 경우 공정한 심사가 이뤄질 수 없다는 이유로 거부했기 때문이다. 이런 상황이라면 최종 심사 결과 외에는 회의 중 제시된 문제 제기나 상반된 입장, 논의 내용 등을 알수 없다. 소비자로서는 승인된 GMO의 안전성에 대한 궁금증이 더해지게 마련이다.

승인을 받아 유통되고 있는 GMO에 대해 나중에 안전성 문제가 발생한다면 어떨까. 승인 후 문제가 발생했을 때 누가 책임을 지며 어떻게 대책을 마련할 것인가에 대한 사안이다. 당연히 일어나서는 안 되는 일이지만 외국에서 벌어진 한 가지 사례를 보면 이 같은 사안이 현실화될지 모른다는 우려가 생긴다. 1997년 발생한 독일의 글뢰크너 농부 사건이다 (윌리엄 엥달, 2009).

글뢰크너는 독일 북부 헤센 지역에서 신젠타 사가 개발한 사료용 GM 옥수수 Bt176을 시험적으로 재배하고 있었다. 초창기에는 GM 옥수수의 효과가 성공적으로 나타나는 듯했다. 옥수수 조명충나방으로 인한 피해가 발견되지 않았고, 옥수수는 일정한 키로 잘 자라고 있었다. 글뢰크너는 1998년부터 3년간 경작지를 확대하고 수확한 옥수수를 소에게 먹였다.

이후 소에게 심각한 이상 증세가 나타나기 시작했다. 피가 섞인 우유가 나왔고, 심한 설사 증세를 보였으며, 송아지가 폐사하는 일이 생겼다. 글뢰크너는 한 연구소에 사료 검사를 의뢰했고, 사료에 소에 유해한 독성

생명공학 소비시대 알 권리 선택할 권리

물질이 포함돼있다는 결과를 통보받았다.

하지만 신젠타 사는 자체 조사 결과 아무런 독성 물질을 발견하지 못했다고 주장했다. 그리고 이 GM 옥수수는 시장에서 철수됐다. 하지만 GM 옥수수의 안전성 승인 자체가 무효화된 것은 아니었다.

한국에서 Bt176은 2006년 사료용(2003년 식용)으로 승인됐다. 글뢰크너 사건을 떠올리면 그동안 사료용 Bt176을 먹어온 국내 가축의 건강에 이상이 없는지 궁금증이 생길 수밖에 없다.

최근에는 궁금증을 넘어 심각한 우려감을 들게 하는 연구 결과가 발표됐다. 2012년 9월 프랑스 연구진은 쥐를 대상으로 2년간 생체 실험을 한 결과 GM 옥수수 NK603이 종양을 비롯한 각종 장기 기능 이상을 일으켰다고 보고했다.

그런데 NK603은 바로 한국이 2002년 식용(2004년 사료용)으로 수입을 승인한 품목이다. 이미 10여 년간 한국 소비자가 섭취한 종류의 GM 옥수수였다. 더욱이 NK603이 포함된 후대교배종도 적지 않다. 한국바이오안전성센터 홈페이지를 보면 NK603이 포함된 GM 옥수수 품목이 무려 열여섯 개가 승인됐음을 알 수 있다.

이처럼 승인을 받은 GMO가 이후에 안전성 문제를 지니고 있다고 판단되면, 당연히 재검토가 이뤄진다. 실제로 2005년 5월 영국의 일간지〈인디펜던트Independent〉가 몬산토 사의 비공개 실험 자료를 입수, GM 옥수수 MON863을 먹인 쥐의 면역 기능과 신장 크기 등에서 이상 현상이 관찰됐다고 발표해 화제를 모았다. MON863은 이미 한국을 포함해 미국, 캐나다, 오스트레일리아, 일본 등에서 안전성 승인을 받은 품목이어서 더욱 관심을 끌었다. 이후 프랑스의 세랄리니 교수(2012년 9월 발표자와 동일 인물) 연구진이 몬산토 사의 자료를 검토한 결과 '위해성이 있다'고 판정했다. 그리고 세랄리니 교수의 연구가 과학적으로 문제가 있다는 과학계의 반박도 뒤를 이었다. 당시 한국을 비롯한 각국은 나름대로의 검토 과정을 거치면서 모두 '안전하다'고 판정을 내렸다.

이번 세랄리니 교수의 발표 역시 이 같은 과정을 겪게 될 것이다. 최종 결론은 예측할 수 없다. 다만 이번 경우에는 연구진이 직접 장기간의 실험을 거친 결과를 전문 학술지에 논문으로 제출했기 때문에 이를 반박하는 일은 과거보다 간단하지 않을 것이다. 한국 소비자로서는 국내 담당 부처인 식품의약품안전청이 프랑스 연구진의 연구 논문에 대해 얼마나 빨리 판단을 내리고, 그 근거가 무엇일지에 대해 지속적인 관심을 갖고 지켜볼 필요가 있다.

표시제, 소비자의 알 권리와 선택할 권리

소비자가 새로운 기술이 적용된 식품을 선택할 때 자신의 태도와 인식을 바탕으로 이익과 위험을 판단하기는 하지만, 사실 비전문가 입장에서 이익 요소와 위험 요소를 직접 측정하기는 어렵다. 예를 들어 유전자를 변형하지 않은 새로운 건강 증진 원료를 첨가한 기능성 식품이라 해도 의약품이 아닌 이상 소비자가 그 이익을 단기간 내에 명확히 체감하기는 어렵다. 위험 역시 생명공학 식품은 물론 일반 식품에 대해서도 소비자가 직접 측정할 수 있는 대상이 아니다.

그렇다면 소비자는 어떤 정보를 통해 GMO의 이익과 위험을 판단할까. GMO 개발자인 기업과 이를 지원하고 승인하는 정부의 약속에 의존할 수밖에 없다. 따라서 기업과 정부를 포괄하는 생산자 측에 대한 신뢰가 소비자의 수용에 중요한 요소로 작용하고 있다.

사실 소비자 입장에서 GMO는 표시 외에는 '눈에 보이지 않는' 특징을 가진다. 예를 들어 최초의 GMO인 토마토 플레이버 세이버의 경우 생산자 측은 맛이라는 품질이 향상됐다는 주장을 펼쳤으며 초창기 소비자들은 기꺼이 비싼 가격을 지불하면서 그 토마토를 구입했다. 하지만 맛의 향상은 개인의 주관적 판단에 의존할 가능성이 크다. 〈캐퍼럴 앤드 몬텔레원Caporale & Monteleone〉(2004)에 따르면 GM 식품에 대해 소비자가 맛있다고 판단하는 데에는 표시 정보가 중요하게 작용할 수 있다고 한다. 이들은 이탈리아 소비자를 대상으로 GM 맥주에 표시를 하고 기존 맥주와 맛을 비교해보라고 주문한 결과, 소비자들이 GM 맥주보다 기존 맥주가 더 맛있다고 판단하면서 선호하는 경향이 관찰됐다고 밝혔다.

콩, 옥수수, 면화, 유채 등으로 대표되는 1세대 GMO는 소비자 입장에서 '눈에 보이지 않는' 특성이 더욱 강화된다. 한국뿐 아니라 세계적으로 1세대 GMO의 용도는 대부분 가공식품이나 동물 사료 영역에 해당한다. 현재의 GM 식품은 미국의 플레이버 세이버처럼 자연산과 같은 형태를 갖춘 제품이 아니라 영국의 퓌레처럼 가공된 형태로 소비자에게 다가오고 있다. 또한 소비자는 동물 사료로 사용되는 GM 식품을 직접 접촉하지 않는다.

이 같은 '눈에 보이지 않는' 경향은 특정 유용 물질이 함유된 2세대 GMO에서도 비슷하게 유지될 수 있다. 그래프 등(Graff et. al, 2009: 702-703)에 따르면 2세대 GM 농산물 558개의 세계적 연구 개발 동향을 조사한 결과, 최종 소비 시장보다는 중간 시장을 겨냥한 품목이 많았다. 즉 558개 가운데 53%가 동물 사료용과 식품 가공 분야였고 23%는 최종 소비자를 위한 제품, 그리고 나머지 23%는 양자 모두에 적용할 만한 제품이었다.

따라서 소비자는 GMO의 장점에 대해 판단할 때 생산자 측의 주장에 주로 의존하게 된다. 예를 들어 생산자 측은 GM 농산물이 농업 생산자에게는 생산성 향상과 경작지 확대 등의 이익을, 소비자에게는 저렴한 가격과 높은 안전성을 제공한다고 주장하고 있다. 당연히 건강이나 환경에 미치는 위험은 없다는 주장이 함께 제시되고 있다.

이 같은 상황에서 소비자의 신뢰감을 높이기 위한 기본 전제는 표시이다. GMO라는 표시 없이 GMO가 유통되고 있는 사실을 소비자가 알게되면 위험에 대한 우려감은 증폭될 수밖에 없기 때문이다. 실제로 1990년대 영국에서 소비자의 GMO에 대한 거부감이 확산된 한 가지 이유는 미국 몬산토 사가 표시 없이 GM 콩을 자연산 콩과 섞어서 영국에 수출했기 때문이었다(UK Parliament, 1999). 당시 영국의 소비자는 GM 콩으로 만든 식품을 선택할 수 있는 여지가 없어진 데 대해 강한 반감을 표시했다.

미국 연방 정부는 GMO를 상업화하면서 제품에 GMO 표시를 할 필요가 없다는 정책을 계속 유지해왔다. 하지만 미국의 많은 소비자는 '알 권리'와 '선택할 권리'를 주장하며 표시제를 끊임없이 요구하고 있다. 그래서 연방 정부뿐 아니라 주 정부 차원에서 GMO에 대한 표시제를 법률로 규정하려는 움직임이 계속 일어나는 상황이다.

일례로 GMO 표시를 요구하는 캠페인을 벌이고 있는 한 단체Justlabelit.org

[제품유형] 팝콘옥수수가공품 　 [제품유형] 과자(유탕처리제품) 　 [제품유형] 과자(유탕처리제품)
[제조원] 한국 　 [제조원] 미국 　 [제조원] 일본

| 우리나라 GM 식품 표시 사례 ⓒ (식품의약품안전청, 2011)

 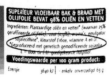

[제품유형] 콩기름 　 [제품유형] 마요네즈 　 [제품유형] 샐러드 드레싱
[제조원] 유럽 　 [제조원] 벨기에 　 [제조원] 네덜란드

| 외국 GM 식품 표시 사례 ⓒ (식품의약품안전청, 2011)

는 2012년 4월 현재 미국인 100만 명이 미국 식품의약국을 상대로 한 표시제 청원서에 서명했다고 발표했다. 이 단체에 따르면 설문 조사 결과 미국 국회의원의 90% 이상이 표시제에 대해 호의적인 반응을 보이고 있다고 한다.

한국의 GMO 표시제는 어떻게 운영되고 있을까. 표시 대상은 국내 수입이 승인된 GM 농산물과 그 가공식품이다.

표시 요령은 이렇다. 농산물과 식품 모두 세 종류의 표시 방법이 있다. 농산물에는 유전자 변형, 식품에는 유전자 재조합이란 말을 사용하는데 둘 다 같은 의미이다. GM 농산물 자체는 '유전자 변형 ○○', GM 농산물이 포함돼있으면 '유전자 변형 ○○ 포함', 정확하지는 않지만 포함될 가능성이 있으면 '유전자 변형 OO 포함 가능성 있음' 등으로 표기한다. 그리고 GM 식품은 '유전자 재조합 식품', '유전자 재조합 OO 포함 식품', '유전자 재조합 OO 포함 가능성 있음' 등으로 표기한다. 이들 표시는 소비자가 쉽게 알아볼 수 있도록 지워지지 않는 잉크로 크게 명기돼야 한다. 제품에 포장지가 사용될 경우에는 포장지 겉면에, 포장지가 사용되지 않을 경우에는 판매 장소에 푯말이나 안내 표시판 등으로 표시해야 한다.

그렇다면 이런 표시가 없는 제품은 모두 GMO를 사용하지 않은 것일까. 아니다. 두 가지 이유 때문이다.

첫째, 불가피하게 GMO가 섞여서 들어가는 경우가 있다. GMO가 아닌 일반 농산물을 수입해 제품을 만들려는 수입자를 떠올려보자. 이 수입자가 농산물이 GMO가 아니라는 사실을 알 수 있는 방법은 현실적으로 수출국의 입증 서류를 확인하는 일뿐이다. 수출국에서 자신의 농산물이 현지 생산에서 항구 선적에 이르기까지 GMO와 섞이지 않고 구분돼 처리됐다는 증명서를 제출한다. 이 경우 당연히 수입자는 농산물에 GMO 표시를 할 필요가 없다.

농산물과 식품에 GMO가 사용되지 않았음을 알려주는 이 같은 증명서는 크게 세 종류가 있다(한재환 외, 2009. 4: 32-33). 구분 유통 증명서, 정부 증명서, 검사 성적서 등이 그것이다.

구분 유통 증명서는 원료 종자의 구입, 생산, 보관, 선별, 운반, 선적 등 전 과정에 걸쳐 GMO와 구별돼 관리됐음을 입증하는 증명서이다. 이 증명서의 발행 주체는 민간이다. 각 단계별로 공급자, 판매자, 가공업자 등이 발행한다. 이에 비해 정부 증명서는 구분 유통 증명의 역할을 정부가 수행하는 경우에 해당한다. 한편 검사 성적서는 국내외 검사 기관이 최종 제품에 외래 유전자나 단백질이 남아있지 않았음을 입증하는 서류이다. GM 농산물의 경우 구분 유통 증명서와 정부 증명서 가운데 하나를, GM 식품의 경우 세 종류 가운데 하나를 제출하면 GMO 표시를 할 필요가 없다.

이들 증명서 가운데 현재 한국 수입자가 받을 수 있는 것은 주로 구분 유통 증명서이다. 왜냐하면 한국이 콩과 옥수수를 비롯한 곡물을 수입하는 주요 대상 국가가 미국이고, 미국은 정부 증명서가 아닌 민간의 구분 유통 증명서를 발행하는 나라이기 때문이다.

그런데 미국의 수출자가 아무리 구분 유통을 하려 해도 현실적으로 GMO가 일부 섞일 가능성이 있다. 워낙 많은 GMO를 생산하고 있기 때문에 유통 과정에서 일반 농산물에 GMO가 혼합될 수 있기 때문이다. 이 같은 현실적 여건을 고려해 국가별로 채택한 대안이 '비의도적 혼입률'이다. 의도하지 않았지만 불가피하게 GMO가 섞인 경우 GMO 표시에서 면제해주자는 개념이다.

비의도적 혼입률은 국가별로 다르게 결정했다. 예를 들어 유럽연합은 0.9% 이하이다. 수입되는 일반 농산물 가운데 GMO가 0.9%까지 섞인 것은 GMO 표시를 면제해준다는 의미이다. 일본은 이보다 많은 5% 이하로 설정했다. 한국은 유럽연합과 일본의 중간 정도인 3% 이하로 정했다. 따라서 국내에서 GMO 표시가 돼있지 않은 제품이라 해도 약간의 GMO는 섞여있을 가능성이 항상 있다.

그리고 비의도적 혼입률의 개념은 현실적으로 농산물에 적용될 뿐 가공식품에서는 적용되기 어렵다. 3% 이하는 양의 개념이다. 수입 농산물에 얼마나 많은 GMO가 섞여있는지 알기 위해서는 먼저 GMO의 존재 여부를 확인하는 정성 검사를 거치고, 이후 혼입량을 확인하는 정량 검사를 수행한다.

하지만 가공식품에 대해서는 정성 검사 방법만 개발돼있을 뿐, 정량 검사 방법은 아직 확립되지 못했다. 따라서 GM 식품이 아닌 일반 식품을 수입할 경우 정성 검사에서 GMO가 검출됐다 해도, 그 양이 3%를 넘는지 아닌지 확인할 방법이 없다. 이때 수입자가 수출국의 구분 유통 증명서를 구비했는지가 중요하다. 구비했다면 비의도적 혼입으로 인정해준다. 구비하지 않았다면 표시제를 위반했다고 판단한다.

둘째, GMO를 재료로 사용했다 해도 표시를 면제해주는 경우이다. 주로 GM 농산물을 가공해 만든 GM 식품에 해당하는 이야기이다. 주요 식용 GM 농산물인 옥수수와 콩을 살펴보자.

현행 표시제에 따르면 옥수수에 삽입한 외래 유전자 또는 그 유전자가 만든 단백질이 최종 제품에 남아있지 않거나 검출이 불가능한 경우에는 제품에 GMO 표시를 할 필요가 없다(한국바이오안전성정보센터, 2012. 7: 111). GM 옥수수의 경우 전분과 전분당을 이용하는 경우가 대부분이다. 전분의 경우 원칙적으로 표시 대상이다. 옥수수차, 팝콘·뻥튀기, 시리얼 등도 마찬가지이다. 하지만 전분당은 만들어지는 과정에서 단백질이 모두 걸러지고 탄수화물과 당분만 남는다. 그래서 GMO 표시를 할 필요가 없어도 된다.

그리고 현행 표시제에서는 식품에 쓰인 원료 가운데 GM 옥수수의 함량이 전체에서 5순위에 들지 않으면 역시 표시가 면제된다. 예를 들어 GM 옥수수가 여섯 번째로 많이 포함된 제품이라면 GMO 표시가 없어도 된다.

따라서 GM 옥수수 전분으로 만드는 빵, 과자, 음료, 빙과, 스낵, 소스, 유제품 등에 GMO 표시가 없을 수 있다. 또한 GM 옥수수로 만드는 옥수수차, 팝콘 · 뻥튀기, 시리얼 등에도 표시가 없을 수 있다. 우리 생활에 익숙한 알코올류와 다양한 식품첨가물도 마찬가지이다.

GM 콩도 상황이 비슷하다. 가장 많이 사용된다는 콩기름의 경우 이론적으로는 콩에서 지방 성분만 뽑아내기 때문에 유전자나 단백질이 포함되지 않아 표시 대상에서 제외된다. 콩기름의 부산물인 콩깻묵으로 간장을 만들 경우도 마찬가지이다(한국바이오안전성정보센터, 2012. 4: 71-72).

그리고 대두 단백으로 가공식품을 만들 경우 유전자와 단백질이 남아있기는 하지만 원료 함량 5순위 바깥인 경우가 많아 표시 대상에서 곧잘 제외된다. 두유, 이유식, 환자용 회복식이나 각종 기능성 대용 식품 등 단백질 강화 제품, 소시지 · 햄 · 맛살 같은 육류 가공품 등이 여기에 해당한다.

실제로 2011년 3월 환경 단체인 서울환경운동연합은 국내에서 유통되고 있는 햄과 소시지에 GMO 성분이 검출됐다고 밝혀 사회적으로 파장을 일으켰다. GMO 표시가 안 돼있는 햄과 소시지 스물네 개 제품 가운데 여섯 개 제품에서 GM 콩 성분이 사용된 것이다. 하지만 해당 기업은 수출국의 원료 생산 업체가 보낸 구분 유통 증명서를 보유하고 있었기 때문에 비의도적 혼입으로 인정받을 수 있었다.

지금까지의 이야기는 소비자가 직접 섭취하는 GM 농산물과 식품에 관해서였다. 이 밖에 간접 섭취하는 GMO가 있다. 가축이 먹는 사료가 GMO인 경우이다.

축산업 종사자들은 수입 사료가 GMO인지 아닌지 표시를 통해 알 수 있다. 하지만 일반 소비자로서는 가축 사료가 GMO인지 아닌지 당연히 알 수 없을뿐더러 관심 자체를 갖기가 쉽지 않다. 다만 꼼꼼한 소비자라면 식품 매장에 진열된 육류를 보면서 이런 문구를 본 적이 있을 것이다. "이 쇠고기는 Non-GMO 사료를 먹여 사육한 것임."

그렇다면 이런 문구가 없는 쇠고기며 돼지고기, 닭고기는 모두 GMO 사료를 먹여 키운 소, 돼지, 닭에서 가져온 것일까. 알 수 없다. 현재 국내는 물론 세계적으로 GM 사료를 먹인 사실 자체를 육류 제품에 표기하도록 의무화하지 않고 있다.

일반 소비자의 눈에 사료용 GM 제품이 뜨일 수 있는 경우가 있기는 하다. 애완동물용 가공 사료에서다. 자신이 기르는 애완동물에게 먹이는 제품에 민감한 사람이라면 옥수수, 면화, 콩이 얼마나 담겨있고 혹시 GMO 표시가 돼있는지 확인할 필요가 있다.

국내 소비자와 시민 단체들은 현행 표시제에 대해 오래전부터 문제를 제기해왔다. 핵심 내용은 GMO 성분이 남아있지 않다 해도 GM 농산물을 재료로 사용한 경우 무조건 GMO 표시를 해야 한다는 점이다. 소비자의 알 권리와 선택할 권리를 보장하기 위해서이다. 이는 유럽연합이 채택하고 있는 방식이다.

2008년 10월 식품의약품안전청이 이런 내용을 반영하도록 제도를 바꾸는 일을 시도했다. '유전자 재조합 식품 등의 표시 기준' 개정안을 마련해 최종 제품에 외래 유전자나 단백질이 없다 해도, 그리고 원료 함량 5순위 바깥이라 해도 GMO 표시를 해야 한다는 내용을 담아 발표했다. 이 개정 안은 부처 간 협의를 거쳐 총리실 식품안전정책위원회를 통해 2009년 9월 총리실 규제개혁위원회로 넘겨졌다.

그러나 이 개정안은 2012년 11월까지 규제개혁위원회에서 묵혀지고 있다. 그 한 가지 이유로 미국과의 통상 마찰을 우려한 외교통상부의 의견이 작용했다는 말이 들리기도 한다. 하지만 무엇보다 GMO를 수입하는 국내 기업들의 반대가 크게 영향을 미치고 있는 듯 보인다. GMO 표시를 확대하면 이에 필요한 비용이 추가로 소요돼 결국 제품 가격이 상승하고 소비자가 GMO를 꺼리기 때문이다.

비의도적 혼입률을 둘러싼 논란에서도 비슷한 상황이 벌어지고 있다. 소비자와 시민 단체들은 유럽연합 수준으로 비의도적 혼입률을 낮추자고 주장하는 반면, 기업에서는 비용 상승을 이유로 이에 반대하고 있다. 당연히 미국은 한국의 비의도적 혼입률을 5%까지 확대할 것을 요구하는 분위기이다.

실제로 '지구의 친구들 유럽 지부Friends of the Earth Europe(2010.12)'는 GM 농산물의 생산 비용이 기존 농산물보다 훨씬 높을 것이라고 주장했다. 과거 유럽연합의 한 보고서에 따르면 GM 농산물과 기존 농산물을 제대로 분리하기 위해서는 생산 비용이 13% 증가할 것이라고 예측된 바 있다. 하지만 지구의 친구들 유럽 지부는 세계적으로 GM 작물의 오염 건수가 300건 이상 보고됐고 종자 단계뿐 아니라 상품 단계의 혼합 등을 현실적으로 고려한다면 13%보다 높은 생산 비용이 소요될 것이라고 한다. 그 결과 이 초과 비용은 농업 생산자와 소비자가 부담할 것이라는 주장이다.

한국의 소비자는 결국 가격 상승을 각오하고 표시제 확대를 요구할지, 아니면 현 상황을 그대로 유지할지에 대해 고민할 상황에 닥쳤다. 물론 이런 고민을 해야 하는 상황 자체가 부당하다고 느낄 수 있다. 소비자 입장에서는 전혀 생각지도 않았던 GMO가 어느 날부터 제품에 포함돼있다고 해서 그 포함 여부를 확실하게 알려달라고 요구하자 가격이 올라갈 것이라는 이야기를 듣는 꼴이기 때문이다.

66먼저 경작하는 과정에서 GMO 개발자가 '예상치 못한' 상황이 발생할 수 있다. 이는 슈퍼잡초, 슈퍼버그, 그리고 농약 사용의 증가로 요약할 수 있다. 주로 환경 위해성과 관련된 문제이다. 사실 학계에서 GMO의 인체 위해성에 대한 논란은 지속되고 있는 데 비해 환경 위해성에 대해서는 대체로 동의하고 있는 학자들이 많다.**99**

CHAPTER 5

GM 농산물 수출국 또는
재배국의 쟁점

청사진

현재 한국 정부는 GM 농산물을 개발해 국내에 보급하고 외국에 수출할 계획을 세우고 있다. 몇 년 뒤에 이 일이 실현될지 알 수 없지만, 한국이 GM 농산물을 국내에서 재배한다면 한국에서는 수입국의 위치에서와는 다른 차원의 새로운 문제들이 발생할 전망이다. 소비자는 물론 농업 생산자가 신중하게 관심을 기울여야 할 사안이다.

생명공학 소비시대 알 권리 선택할 권리

2011년 12월 7일 농림수산식품부는 정부과천청사에서 개최된 '제7차 위기관리대책회의'에서 '종자 산업 육성 방안'을 발표했다. 여기서 경쟁력 높은 GM 종자를 개발해 반도체 같은 수출산업으로 키우겠다는 계획이 제시됐다.

정부는 같은 해 5월 농촌진흥청의 차세대바이오그린21사업단 산하에 'GM작물실용화사업단'을 설립했다. GM작물실용화사업단은 말 그대로 그동안 국내에서 개발돼온 GM 농산물을 시장 제품으로 만들어내는 사업단이다.

한국 정부가 GM 농산물의 개발을 지원하기 시작한 시기는 오래전이다. 1999년 2월 10일 GM 농산물이 국내에서 처음 개발됐다는 사실이 보도됐다. 농촌진흥청 산하 농업과학기술원이 1990년대 초부터 국내에서 소비량이 많은 여덟 개 농산물(벼, 고추, 배추, 양배추, 담배, 토마토, 오이, 들깨) 열아홉 종의 유전자를 변형하는 실험을 수행해왔다.

2011년 12월의 농림수산식품부 발표에 따르면 농촌진흥청이 개발 중인 GM 종자의 수는 열아홉 개 농산물 128종이다. 실용화를 위해 남은 과제는 개발된 GM 농산물의 안전성 검증이다. 벼 세 종, 고추 한 종, 배추 한 종이 안전성 평가 단계에 이르렀다. 당시 발표에는 GM작물실용화사업단에 10년간 800억 원을 투입해 중국 진출용 GM 농산물 다섯 종을 개발하겠다는 구체적 목표도 제시됐다.

GM 농산물을 국내에서 재배하겠다는 목표도 명시됐다. GM작물실용화사업단 홈페이지www.gmcrops.or.kr에 따르면, 2014년까지 1단계로 한국 농업 적합형 GM 작물을 스물다섯 건 개발하고 이 가운데 네 건은 안전성

GM작물실용화사업단 홈페이지

검사를 마쳐 심사서를 제출한다는 계획이다. 2020년까지는 열여덟 건에 대한 심사서를 제출하고, 다섯 건에 대한 품종 등록을 마치려고 한다. 정부의 계획대로라면 2020년경에는 다섯 종류의 GM 농산물이 국내에서 재배될 전망이다. 이 다섯 종류 안에는 우리의 주곡인 벼가 포함돼있다. 따라서 한국 소비자는 현재 가공식품 형태로 섭취하는 GM 콩과 옥수수는 물론 GM 쌀도 매일 먹게 될 수 있다.

GMO를 재배하는 외국의 동향을 보면 확실히 GMO가 대세를 이루는 듯하다. 1996년 GM 농산물의 상업적 재배가 본격 시작된 이후 최근까지 GM 농산물을 경작하는 면적은 세계적으로 증가 추세에 있다. 2010년 기준으로 세계 29개국에서 1540만 명의 농업 생산자가 GMO를 경작하는 면적은 약 1억 4800만 헥타르(1헥타르는 1만 제곱미터 또는 3,025평)이며, 이는 세계 경작 면적의 10%에 달하는 수준이다.

국제농업생명공학정보센터에 따르면 2011년 기준으로 GM 농산물을 재배하는 국가는 29개국이다. 경작 면적의 상위 10개국을 순위별로 보면 미국(6900만 헥타르), 브라질(3300만 헥타르), 아르헨티나(2370만 헥타르), 인도(1060만 헥타르), 캐나다(1040만 헥타르), 중국(390만 헥타르), 파라과이(280만 헥타르), 파키스탄(260만 헥타르), 남아프리카공화국(230만 헥타르), 우루과이(130만 헥타르)이다. 나머지 19개국은 100만 헥타르 미만이다.

1996년부터 누적된 세계 경작 면적을 합하면 미국의 영토 면적과 비슷한 10억 헥타르에 달한다(한국바이오안전성정보센터, 2011: 253-255). 국제농업생명공학정보센터의 최근 보고에 따르면 2011년에는 경작 면적이 1억 6000만 헥타르로 늘었는데, 이는 1996년의 170만 헥타르에 비해 94배 증가한 수치이다.

곡류의 종류별 경작 면적 역시 꾸준히 증가하는 추세이다. GM 콩은 2008년 세계 콩 경작지의 65.8%를 차지했는데, 2015년에는 88.2%까지 증가할 것으로 예상된다. 또한 GM 면화는 2008년 47.1%에서 2015년 72.7%로, GM 옥수수는 23%에서 30% 이상으로, GM 유채는 18.5%에서 21.3%로 증가할 전망이다(Arundel & Sawaya, 2009: 15). 수치만 보면 상당히 압도적으로 느껴지는 게 사실이다.

GMO에 대한 찬반 논란을 떠나 GMO의 세계적인 지배는 피할 수 없는 대세인 것처럼 보일 수도 있다. 이 같은 증가 추세는 한편으로 작물 재배 분야에서의 기술혁신이 성공적으로 확산되고 있는 증거로 제시될 수 있다. 즉 1970년대에 개발된 유전자 재조합 기술이 1990년대 GM 농산물이라는 혁신 제품을 만들어냈고, 그 제품이 최근까지 세계적으로 확산되고 있다고 볼 수 있다.

일각에서는 농업 생산자들이 GM 농산물로부터 얻는 이익에 대해 긍정적으로 판단함으로써 점차 그 경작 면적이 확산되고 있다고 주장한다. 미국의 경우 2000년부터 2008년까지 열세 개 주의 농업 생산자들이 GM 콩과 옥수수를 재배한 추이를 설명한 보고서가 있다(Scandizzo & Savastano,

2010). 이 보고서는 이전에 이루어졌던 논의가 정보 부족, 불신감, 위험에 대한 인식 등으로 인해 농업 생산자가 GM 농산물을 채택하는 속도를 늦추는 데 맞춰졌다는 점을 지적했다. 하지만 최소한 미국의 경우 이는 사실과 다르다는 주장이다. 보고서에 따르면 미국 농업 생산자에게는 GM 농산물이 단기간 내에 많은 이익을 줄 것이라는 긍정적 인식이 형성돼있고, 일단 GM 농산물을 재배하기로 결정한 이후 그 확산 속도는 지수함수 곡선, 즉 어느 시점부터 급격히 증가하는 형태를 따르고 있었다. 국제농업생명공학정보센터가 매년 발간하는 세계 GM 농산물의 경작 현황에 대한 보고서에는 이 같은 입장이 일관되게 담겨있다.

그러나 반론도 만만치 않다. 대표적으로 국제 비정부 기구인 '지구의 친구들'은 역시 매년 국제농업생명공학정보센터를 비롯한 GMO 생산자들에 대한 반대 논리를 담은 보고서를 발간하고 있다.

| 세계 3대 환경 보호 단체 중 하나인 '지구의 친구들'은 GMO 생산자들에 대한 반대 논리를 담은 보고서를 매해 발간하고 있다.

최근의 한 보고서(Friends of the Earth International, 2011. 2)에서는 국제농업생명공학정보센터가 발표하는 GM 농산물의 통계가 상당히 과장돼있거나 부정확한 자료에 기반했다고 비판했다. 예를 들어 경작 면적을 계산할 때 실제보다 많이 부풀렸기 때문에 믿을 수 없다는 것이다. 국제연합식량농업기구FAO의 통계 자료를 인용하며, 2009년 현재 세계 경작 면적은 4억 9000만 헥타르에 달하기 때문에 GM 농산물은 겨우 2.7% 정도일 뿐이라고 반박하기도 했다.

세계 농지의 97% 이상은 여전히 GM 농산물이 아닌 채 유지되고 있다는 의미이다.

참고로 국제농업생명공학정보센터는 한국의 GM 농산물 용도를 잘못 표기하기도 했다. 한국의 GM 농산물은 식용과 사료용이 전부이다. 하지만 국제농업생명공학정보센터의 보고서에는 재배용Planting도 몇 건 승인됐다고 몇 년째 계속 표기돼왔다. 또한 식용과 사료용 외에 직접 사용Direct Use이라는 애매한 분류 항목도 만들었다.

GMO 재배 국가의 수가 늘어난다는 주장에 문제가 있다는 지적도 눈에 띈다. 국제농업생명공학정보센터에 따르면 2009년 GMO 재배 국가는 25개국이며, 해마다 그 수가 늘어나고 있다. 하지만 세계 GM 농산물의 95%는 상위 6개국, 즉 미국, 브라질, 아르헨티나, 인도, 캐나다, 그리고 중국이 차지하고 있다는 점이 중요하다. 나머지 19개국은 다 합쳐봐야 그리 넓지 않은 경작 면적을 확보하고 있을 뿐이라는 이야기이다.

적신호

재배 승인을 둘러싼 논란

GMO를 수입하는 국가와 재배하는 국가의 주요 차이 중 하나는 안전성 심사에 통과할 수 있는 기술 능력을 갖고 있는지 여부이다. 한국이 수입국일 때는 GMO 개발자가 작성한 서류를 심사한다. 하지만 재배국인 상황이라면 한국이 GMO 안전성 관련 기술을 확보해야 한다. 한국 정부가 향후 GMO 상업화의 시점을 몇 년 뒤로 다소 막연하게 전망한 이유는 안전성 관련 기술을 확보하는 데 적지 않은 연구비와 시간이 필요하기 때문이다.

이 기술을 확보한다 해도 안전성 관련 논란은 계속 일어날 수 있다. 세계 최대의 GMO 재배국이자 수출국인 미국에서도 안전성 기술과 그 심사 절차에 대한 문제 제기가 끊임없이 벌어지고 있다. 대표 사례가 GM 알팔파와 GM 사탕무의 재배 허가에 대한 시민 단체의 소송이다(박기주, 2011. 7: 50-52). 두 사례 모두 인체나 환경에 대한 위해성이 없는 것으로 보고됐다. 하지만 승인의 절차가 불충분하다는 이유로 시민 단체들이 미국 농무부를 상대로 소송을 제기했고 그 결과는 예측이 어렵도록 복잡하게 진행되고 있다.

GM 알팔파에 대한 첫 상업적 재배 승인은 2005년 6월에 이뤄졌고, 재배는 2006년 봄에 시작됐다. 제초제에 저항성을 갖는 두 가지 이벤트J101, J163가 승인 대상이었으며, 개발자는 몬산토 사와 포리지 제네틱 인터내셔널 사였다.

2006년 2월 미국의 비정부 기구인 식품안전센터Center for Food Safety는 환경단체 시에라 클럽, 유기농업 단체 등과 공동으로 미국 농무부에 소송을 걸면서 GM 알팔파의 재배 승인 절차가 국제환경정책법에 위반된다고 주장했다. 미국의 경우 GM 농산물의 재배를 승인할 때 두 가지 단계를 거친다. 최초의 환경영향평가와 포괄적 환경영향평가Environment Impact Statement 이다. 미국 농무부는 최초의 환경영향평가에서 보고된 인간과 환경에 위해성 여부를 검토해 포괄적 환경영향평가를 할지 말지를 결정한다. 다만 그 결정 기준이 명확하지는 않다. "필요하다고 인정됐을 때"라는 애매한 단서 조항이 있을 뿐이다. 미국의 시민 단체들이 요구한 사항은 바로 GM 알팔파에 대해 포괄적 환경영향평가를 실시해야 한다는 것이었다.

2007년 2월 미국 캘리포니아 주 연방지방법원은 이를 지지해 미국 농무부에 포괄적 환경영향평가를 실시하도록 명령했고, 미국 농무부는 2,468쪽의 방대한 분량의 최종 보고서를 제출하기에 이르렀다. 그리고 최종적으로 GM 알팔파의 재배 허가가 법정에서 내려졌다.

한편 GM 사탕무H7-1는 몬산토 사가 개발했으며, 2005년 3월에 승인돼 2007년부터 상업적 재배가 이뤄졌다. 식품안전센터, 시에라 클럽, 유기농업 생산자, 종자업자 등은 2008년 1월 GM 사탕무에 대한 미국 농무부의 승인 과정에서 역시 포괄적 환경영향평가가 이뤄지지 않은 점을 이유로 소송을 제기했다. 그 결과 GM 사탕무에 대해서는 제한적 재배 허가라는 결정이 났다.

슈퍼잡초, 슈퍼버그의 등장

국내 농업 생산자가 GMO를 개발하기로 마음을 먹는다면 최종 소비자로서는 우리나라가 수입국일 때보다 GMO가 아닌 제품을 선택할 여지가 훨씬 줄어들 것이다. 사실 농업 생산자의 입장에서는 수확량 증대와 생산비 절감을 약속하는 GMO에 대해 매력을 느낄 수 있다. 하지만 과연 그럴까. GMO를 재배하고 있는 외국의 사례를 살펴보면 농업 생산자에게 GMO가 반드시 이익을 보장해주지는 않는 듯하다.

먼저 경작하는 과정에서 GMO 개발자가 '예상치 못한' 상황이 발생할 수 있다. 이는 슈퍼잡초, 슈퍼버그, 그리고 농약 사용의 증가로 요약할 수 있다. 주로 환경 위해성과 관련된 문제이다. 사실 학계에서 GMO의 인체 위해성에 대한 논란은 지속되고 있는 데 비해 환경 위해성에 대해서는 대체로 동의하고 있는 학자들이 많다.

제초제 내성을 가진 GMO를 떠올려보자. 기대대로라면 밭에 제초제를 뿌렸을 때 GMO는 살아남고 주변 잡초만 사라져야 한다. 하지만 주변 잡초가 제초제에 대해 내성을 가질 수 있다. 이를 흔히 슈퍼잡초라고 부른다. 슈퍼잡초를 없애려면 당연히 더 많은 제초제를 뿌려야 한다.

슈퍼잡초의 등장은 농업 생산자나 관련 학계에서 경험적으로나 학술적으로 예견된 것이었다. 다만 슈퍼잡초의 정확한 발생 규모나 농업에 미치는 영향에 대해 정량적인 자료가 제시되지는 못했다.

그런데 2009년 슈퍼잡초의 등장으로 농약 사용이 대폭 증가했다는 보고서가 발간됐다. 미국 유기농센터The Organic Center의 수석 과학자 찰스 벤브룩Charles Benbrook 박사가 이 보고서의 저자이다.

벤브룩 박사는 미국에서 GM 농산물 재배 후 과연 제초제와 살충제 등 농약의 사용량에 얼마나 변화가 있었는지를 분석했다. 조사 기간은 1996년 상업적 재배가 본격화된 이후 2008년까지 13년간이었다.

벤브룩 박사는 미국 농무부의 국가농업 통계서비스NASS, National Agricultural Statistics Service

벤브룩 박사의 보고서 〈미국 농약 사용에 미친 유전자 변형 농산물의 영향: 첫 13년〉.

자료를 분석, 그 결과물을 69쪽으로 요약해 정리했다. 국가농업통계서비스의 자료가 GM 농산물과 일반 농산물을 구분하지 않고 제시돼있었기 때문에 벤브룩 박사는 별도의 통계 기법을 이용해 각각에 사용된 농약의 양을 추산했다.

| 라운드업 레디 경작지.

보고서 제목은 〈미국 농약 사용에 미친 유전자 변형 농산물의 영향: 첫 13년Impacts of Genetically Engineered Crops on Pesticide Use in the United Stats: The First Thirteen Years〉이다.

보고서에서 다룬 GMO는 옥수수, 콩, 면화 등 세 종류였다. 그리고 삽입된 구조유전자의 특성은 제초제 내성과 살충성 두 가지였다. 제초제 내성을 가진 GM 농산물은 거의 대부분이 몬산토 사의 '라운드업 레디'였고, 살충성을 가진 GM 농산물은 Bt 유전자를 함유하고 있었다.

보고서의 내용은 충격적이었다. 벤브룩 박사는 지난 13년간 미국의 GM 농산물 경작지에 농약 사용량이 3억 1840만 파운드(1파운드는 약 0.45kg)만큼 증가했다고 주장했다. 문제는 제초제였다. 제초제 사용량은 3억 8260만 파운드 정도 증가했으며, 살충제 사용량은 6420만 파운드 정도 감소했다. 그래서 전체적으로는 3억 1840만 파운드가 증가했다는 계산이다.

1996년부터 3년간 GM 농산물이 경작된 초창기에는 농약 사용이 매년 각각 1.2%, 2.3%, 2.3% 감소했다. 그러나 이후 점진적인 증가세를 보였으며, 특히 2007년에는 20%, 2008년에는 27%까지 증가했다.

이때 농약 사용량이 증가한 것은 미국에서 GM 농산물 자체의 증가를 반영한 것일까. 미국에서 13년간 GM 농산물의 경작이 대폭 증가했으므로, 농약 사용도 따라서 상당히 증가했을 것이다. 따라서 단위 GM 농산물당 어느 정도의 농약이 사용됐는지가 중요하다. 보고서에 따르면 GM 농산물이 심어진 경작지 1에이커(약 4,047제곱미터 또는 약 1,224평)당 평균 0.25파운드 정도의 농약이 추가적으로 사용됐다.

살충제 사용량이 감소했다는 말은 GM 농산물의 살충성 효과가 제대로 발휘됐음을 의미한다. 그러나 제초제 사용량이 대폭 증가했다는 말은 GM 농산물의 제초제 저항성이 효과를 발휘하기는커녕 오히려 역효과를 낳았다는 점을 시사한다.

벤브룩 박사는 이 같은 역효과의 원인으로 슈퍼잡초를 지목했다. 기존의 제초제에 잘 견디는 새로운 잡초가 등장함으로써 더 많은 제초제를 뿌릴 수밖에 없게 됐다는 것이다. 보고서에 따르면 미국에서는 라운드업 농약에 내성을 가진 잡초가 아홉 종류 이상이며 이들이 수백만 에이커에서 자라고 있다고 한다.

살충성 GM 농산물은 농약 사용이 감소됐다는 점에서 그나마 다행인 듯하다. 하지만 벤브룩 박사는 살충성에 대한 내성을 막을 수 있다는 전제 아래에서만 그럴 뿐이라고 지적했다. 지난 13년간 살충성에 대한 내성을 비교적 잘 관리해온 덕에 살충성의 효과가 발휘돼왔지만 향후에는 이런 추세가 이어질 수 있을지 장담할 수 없다는 견해이다. 슈퍼잡초와 유사하게 살충제에 내성을 가진 슈퍼버그가 등장할 수 있기 때문이다. 이런 상황이 벌어지면 이전보다 더욱 강력한 대량의 살충제를 사용할 수밖에 없다.

보고서에 제시된 또 하나의 흥미로운 결과는 GMO가 아닌 전통 농산물의 경우 농약 사용이 점차 줄어들고 있다는 내용이다. 그 이유는 사용량을 줄이면서 좋은 효과를 발휘할 수 있도록 개량된 농약이 개발돼왔기 때문이다. 예를 들어 일반 콩의 경우 1996년 경작지 1에이커당 농약 1.19파운드가 사용됐지만 2008년에는 0.49파운드로 감소됐다. 같은 시기 GM 콩은 0.89파운드에서 1.65파운드로 농약 사용량이 증가된 것과 대비된다.

벤브룩 박사의 보고서가 공개되자 곧바로 반격이 이뤄졌다. 2009년 11월 9일 PG 이코노믹스 사는 브리핑 자료를 발표하면서 벤브룩 박사의 보고서에 문제가 많다는 점을 지적했다. PG 이코노믹스 사는 GMO를 중심으로 농산물 개발과 경영에 관한 컨설팅을 주요 업무로 삼는 영국의 회사이다. 벤브룩 박사의 보고서에서도 PG 이코노믹스 사의 계산 방법에 문제가 많다는 점이 지적됐다.

PG 이코노믹스 사의 브리핑 자료는 벤브룩 박사의 보고서에서 살충성 GM 농산물에 대한 농약 사용량이 줄어들었다는 내용만 인정했다. 비판의 요지는 제초제 저항성 GM 농산물에 사용된 농약의 양을 계산할 때 부정확한 가정과 데이터 분석 등에 기초했기 때문에 전혀 신뢰할 수 없는 결과를 내놓았다는 것이다. PG 이코노믹스 사의 분석 자료에 따르면 농약 사용량은 오히려 줄어들었다고 한다.

또한 브리핑 자료에는 GMO 경작으로 인해 전반적인 환경 개선이 이뤄졌다는 점이 강조돼있다. 예를 들어 2007년 미국에서 제초제 저항성을 가진 GM 농산물 덕분에 94억 8000만 파운드의 이산화탄소를 줄일 수 있었고, 그 결과 온실가스로 인한 지구온난화 방지에 큰 역할을 수행했다는 것이다. 이 양은 자동차 190만 대가 1년간 배출하는 이산화탄소의 양에 맞먹는다. GMO 경작으로 농약 살포와 경운기 사용 등에 소요되는 화석연료를 대폭 줄일 수 있었기 때문이라는 주장이다.

PG 이코노믹스 사의 이 같은 주장은 과거 국내에서도 소개된 바 있다. 2007년 7월 PG 이코노믹스 사의 그라함 브룩스 소장은 크롭라이프 아시아CropLife Asia라는 회사가 주최한 국내 행사에 참여해 GMO 경작이 온실가스 감축에 크게 기여한다는 점을 발표해 눈길을 끌었다. 농약 사용량이 대폭 줄었다는 점도 당연히 제시됐다.

정확한 진실이 무엇인지 통계 용어와 방법론에 익숙하지 못한 일반인으로서는 알기 어렵다. 다만 GMO의 농약 사용량에 대해 극단으로 대비되는 논쟁이 벌어지기 시작했다는 점은 눈여겨볼 대목이다. 특히 농약 사용량이 얼마나 증가했는지는 차치하고, 농약 사용량이 GMO 개발자들의 주장처럼 과연 감소했는지 여부를 판단하는 일은 매우 중요한 사안이다. 아직까지 일반인의 눈으로는 이에 대한 충분한 검증이 이뤄지거나 설득력 있는 데이터가 제시되지는 않은 듯하다.

농약 사용량이 증가하는 게 사실이라면 농업 생산자로서는 애초 기대했던 이익이 감소한다고 판단할 것이다. 여기에 GM 종자의 가격이 점차 상승하고 있다는 점을 덧붙여 생각한다면 농업 생산자의 이익은 더욱 줄어들 가능성이 있다. 이 문제 역시 논란이 되고 있다.

국제농업생명공학정보센터를 비롯한 GMO 옹호자들은 GMO가 농업 생산자에게 상당한 이익을 주고 있다고 강변해왔다. PG 이코노믹스 사는 매년 보고서를 통해 GM 농산물로 인해 전 세계 농업 생산자들이 막

대한 이득을 보고 있다고 주장했다. 2012년에는 1996년부터 2010년까지의 통계 보고서를 발간하기도 했다(Brookes & Barfood, 2012. 5). 이 보고서에 따르면 2010년 한 해에 전 세계 GM 농산물을 경작하는 농가가 얻은 소득은 140억 달러에 달한다. 또한 1996년 이후 농가 소득은 784억 달러 증가했다.

이제 반론을 살펴보자. 먼저 GM 종자의 가격은 일반 종자보다 비쌀까, 쌀까? 당연히 비싸다. 유전자 재조합이라는 새로운 첨단의 생명공학 기법을 활용하는 데 막대한 연구 개발비가 투여됐다. 그리고 그 기법은 특허라는 지식재산권으로 보호되고 있다.

벤브룩 박사는 PG 이코노믹스 사가 브리핑 자료를 발표하고 한 달 후 GM 종자의 가격 문제에 대한 새로운 보고서(Benbrook, 2009. 12)를 발간했다. 2010년 GM 종자의 가격이 대폭 상승한다고 예고됐는데, 과연 이 가격 상승이 수확량 증대와 농약 구입비 감소로 상쇄될 수 있느냐의 문제를 다뤘다. 벤브룩 박사의 결론은 '아니다'였다.

국가농업통계서비스는 2001년부터 GM 종자와 일반 종자의 가격을 구분해 발표해왔다. 먼저 콩부터 살펴보자.

전통적으로 농업 생산자들은 콩 종자를 구입해 기르면서 이듬해 다시 심을 수 있도록 일부 콩 종자를 자체적으로 보관해둔다. 이후 새로운 콩 종자를 구입하기까지 걸리는 기간은 보

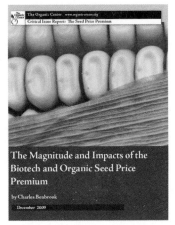

2009년 12월에 발간된 벤브룩 박사의 GM 종자의 가격에 관한 보고서.

통 3~4년이다. 이에 비해 GM 콩을 구입할 때는 '1회 사용'만 한다고 종자 회사와의 계약 서류에 서명한다. 농업 생산자가 자체적으로 GM 콩 종자를 보유하는 일이 금지된 것이다. 따라서 새로 파종할 때마다 새로 GM 콩 종자를 구입해야 한다.

국가농업통계서비스 자료에 따르면 GM 콩은 2001년 부셀(1부셀은 60파운드, 약 15만 개 종자)당 23.9달러였는데, 2009년에는 49.6달러로 상승했다. 107% 오른 값이다. 이에 비해 일반 콩 종자는 17.9달러에서 33.7달러로 88% 상승했다.

보고서가 발간되기 얼마 전 몬산토 사는 2010년 도입될 새로운 라운드업 레디(RR2) 콩 종자의 가격이 70달러로 책정될 것이라고 발표한 바 있다. 2009년의 기존 라운드업 레디(RR) 콩 종자의 가격에 비해 42% 상승한 값이었다.

옥수수는 8만 개 종자당 매긴 가격을 비교했다. GM 옥수수 종자는 2001년 110달러였는데 2009년 235달러로 가격이 올랐다. 이에 비해 일반 옥수수 종자는 85.3달러에서 139달러로 상승했다. 면화는 42만 5,000개 종자당 매긴 가격이다. GM 면화 종자는 2001년 217달러에서 2010년까지 700달러로 상승했고, 일반 면화 종자는 87달러에서 119달러로 올랐다.

그렇다면 미국의 농업 생산자에게 GM 농산물은 과연 경제적으로 도움이 되는 것일까. 벤브룩 박사는 일반 농산물, 심지어 유기 농산물을 경작하는 경우에 비해 GM 농산물은 경제적으로 도움을 주지 못한다고 주장하고 있다.

벤브룩 박사의 보고서는 농가의 전체 수입, 운영비, 그리고 전체 수입에서 운영비를 뺀 수입분 각각에서 차지하는 GM 농산물 종자와 일반 농산물 종자 가격의 비율을 비교했다. 그 결과 GM 농산물 종자의 가격이 차지하는 비율이 일반 농산물 종자의 가격이 차지하는 비율보다 월등히 높다는 사실이 도출됐다.

예를 들어 콩의 경우, 2001년 일반 콩이 에이커당 농가의 전체 수입에서 차지하는 비율은 11.3%였지만 GM 콩 종자의 비율은 15%였다. 그리고 2009년 비율은 각각 11.2%와 16.4%였다.

운영비에서 차지하는 종자 가격의 비율은 일반 콩의 경우 1996년에서 2010년까지 대략 19%에서 33%로 증가했다. 하지만 GM 콩은 2001년에서 2010년까지 32%에서 54%로 상승했다.

전체 수입에서 운영비를 뺀 수입분의 경우 일반 콩의 종자 가격은 1998년에서 2010년까지 11%에서 21%로 증가했다. 이에 비해 GM 콩은 17%에서 29%로 증가했다.

GMO 농업 분야가 다국적 기업에 종속되는 구조도 농업 생산자에게 경제적 부담을 안겨줄 것이라는 지적이 많다. GMO 개발을 주도하고 있는 다국적 기업은 사실 몇 개 안 된다. 1990년~1994년 미국 특허청USPTO에 등록된 이 분야의 특허는 '탑 5 기업'이 36.7%를 점유했으며, 이들의 점유율은 2000년~2004년에 80.5%까지 증가했다. 탑 5 기업은 듀퐁 파이어니어 하이브레드DuPoint Pioneer Hi-Bred, 몬산토, 신젠타, 바스프BASF, 세레스Ceres 등이다(Arundel & Sawaya, 2009). 세계 농업 생산자 입장에서 볼 때 GM 종자가 소수의 막강한 다국적 기업의 특허로 보호받고 있는 상황이다.

이들 다국적 기업이 GM 종자 가격을 올리면 농업 생산자로서는 이에 대비할 별다른 방도가 없다. 또한 몬산토 사가 개발한 라운드업 레디의 사례에서 보듯이, GMO 개발자들은 GM 종자와 그 효과가 발휘되는 제초제(살충제)를 묶어 판매하고 있다. 예를 들어 라운드업 레디는 몬산토 사의 제초제 라운드업이 아니고 다른 회사가 개발한 제초제라면 그 내성의 효과가 나타나지 않는다. 따라서 농업 생산자는 GMO와 제초제(살충제)를 함께 구입할 수밖에 없다.

한편 재배국에서는 캐나다의 슈마이저 농부 사건과 유사한 사례들이 수입국의 경우보다 상당히 많이 발생할 수 있다. 2010년 국내 GM 농산물 유출 사건에서 알 수 있듯이 GM 농산물을 운송하는 과정에서 GM 농산물 종자가 다른 밭에 전파될 정도인데, 주변에서 GM 농산물을 재배한다면 이 같은 전파가 훨씬 많이 발생할 것은 자명하다.

그런데 슈마이저 농부 사건은 자신의 밭에서 '의도치 않게' 자라고 있는 GM 농산물에 대한 특허 소송이었다. 이와 달리 농업 생산자들이 '의도적으로' GM 농산물의 종자를 직접 거둬들이는 일이 빈번하게 발생할 것으로 보인다. 이때 특허권 침해를 주장하는 GM 농산물 개발자, 그리고 영농의 자유를 주장하는 농업 생산자 가운데 누가 옳으냐의 문제는 현재도 세계에서 진행되는 논란거리이다.

일례로 2012년 4월 5일 미국의 잡지 〈와이어드Wired〉 온라인판은 한 농업 생산자가 몬산토 사로부터 라운드업 레디라는 GM 콩 종자를 구매해 재배한 후 여기서 종자를 거둬들여 계속 사용했으며, 이에 대해 몬산토 사가 특허권 침해 소송을 건 사건을 전했다. 몬산토 사는 GM 종자를 1회만 사용하도록 계약서를 요구해왔다. 하지만 이 농업 생산자는 자신이 그 계약서에 서명하지 않았으며, 농업 생산자는 종자를 보관했다가 다시 재배할 수 있는 권리가 있다고 주장했다.

인도에서는 GM 면화를 재배하는 농업 생산자가 자살하는 사례가 증가하고 있다는 사실이 외신 보도를 통해 곧잘 들려온다. 수확량이 기대에 미치지 못한 것이 자살의 원인이라는 분석이다. 일례로 인도의 대표 매체인 〈힌두스탄 타임스Hindustantimes〉는 2012년 4월 5일 기사에서, 10여 년 전 GM 면화가 도입된 이후 처음 5년간은 수확이 성공적이었지만, 이후에는 계속 수확이 기대에 못 미쳐 농업 생산자의 자살이 늘어나고 있다고 보도했다. GM 농산물의 수확이 과연 농업 생산자에게 이득을 줄 것인가의 문제는 분명 논란의 여지가 있다.

한국에서 GMO 재배가 시작된다면 GMO 개발자에는 다국적 기업뿐 아니라 국내 종자업체도 포함된다. 이미 국내 대표 종자업체들이 GMO 개발에 매진해온 상황이다. GMO 개발자가 내국인이든 외국인이든 GMO 재배가 국내 농업 생산자에게 어떤 이익을 줄 수 있는지 곰곰이 따져볼 필요가 있다.

〈표 3〉 GM 농산물에 대한 농업 생산자와 소비자의 이익과 위험

	이익	위험
농업 생산자	(경제성) • 생산성 증가로 인한 소득 증가 · 제초제 사용으로 인한 작물 생산성 저하 감소(1세대) · 병충해 감소로 생산성 향상과 질병 관리 비용 감소(1세대)	(경제성) • 생산 인프라 부족으로 인한 불이익 발생 · 대규모 농장, 산업적 공정 등이 갖춰진 선진국에 적합. 인프라가 부족한 개발도상국 농업 생산자는 이득 없을 것

농업 생산 자	· 가뭄 지역, 산성토양, 염분 지역 등 환경 스트레스에 저항하는 GM 작물 개발로 농업 경작지 확대(2세대) · 고영양분 함유한 기능성 작물 재배로 부가가치 확대(2세대) · 병충해나 가뭄, 홍수 등에 영향받지 않고 안정된 수확 보장, 즉 식량 안보 확보(1, 2세대)	· 종자 산업체에 대한 종속 구조로 비용 증대 · 종자 산업에서 독점화가 강화됨으로써 농업 생산자의 선택과 통제의 기회 감소. 농업 생산자가 종자를 다음 경작에 다시 사용할 수 없도록 함으로써(터미네이터 종자), 매번 새로운 종자를 구매. 또한 다른 회사 농약에는 효과 없는 종자를 개발함으로써(트레이터 기술) 농약 사용의 종속 유발 · 종자 산업체가 개발도상국의 유용 유전자나 물질에 대한 특허 취득해 이익 챙길 때 농업 생산자나 공공 영역의 종자 개량 노력에 대한 보상 없음
소 비 자	(경제성) • 소비 가격 저하 · 농업 생산자의 생산 가격 저하로 인한 소비 가격 저하(1세대) (품질 향상) • 건강 증진에 기여 · 저농약(제초제, 살충제) 작물 구매(1세대) · 고영양분 함유한 기능성 작물 구매(2세대)	(경제성) • 소비 가격 상승 · 농업 생산자의 생산 가격 상승으로 인한 소비 가격 상승 또는 저렴하지 않음 (안전성) • 인체 건강 위해성 · 외래 유전자로 인한 알레르기 유발, 표식용 항생제 내성 유전자로 인한 항생제 내성 증가. 기타 예상치 못한 위험성 등 건강에 유해한지 여부 불확실
공 통	(안전성) • 환경 보전에 기여 · 저농약 사용으로 환경 보전에 기여(1세대)	(안전성) • 생태계 교란 증가 · 특정 종만 생산하므로 생물 다양성 감소 · 자연 종과 섞일 가능성(오염). 만일 유기농과 섞일 경우 유기농 생산자 및 소비자에게 피해 · 제초제 내성 GM 작물 경우, 잡초의 내성이 강해져 슈퍼잡초 발생, 더 강력한 제초제 등장 · 살충성 GM 작물 경우, 독소에 대한 내성이 강해진 슈퍼버그 발생, 더 강력한 살충성 유전자 삽입

제 2 부

복제 소 살코기와
우유의 유통

66복제 동물 고기는 먼 나라 이야기가 아니다. 바로 우리에게 닥치고 있는 고민거리이다. 다만 소비자의 식탁에 오르는 복제 동물 식품은 대부분 복제 동물 자체가 아니라 복제 동물의 정자나 난자를 이용해 일반 동물과 교배해 만든 후손으로부터 유래될 것이기 때문에 그 정체가 무엇인지 더욱 알쏭달쏭해진다. 세계적으로 얼마나 많은 복제 동물이 존재하는지에 대해 정확한 통계는 없다.**99**

CHAPTER 1

시장에 진출한
복제 동물 식품

복제 동물이 우리의 일상 속으로 성큼 다가오고 있다. 고양이나 개 같은 인간의 애완동물은 물론, 마약 탐지견 같은 특수 능력을 보유한 동물이 성공적으로 복제됐다는 소식이 속속 들려온다. 겉으로 봐서는 복제 동물과 정상 동물은 구별되지 않는다. 그래서 '복제산'이라는 꼬리표가 동물에 달려있다 해도 다소 신기한 존재로 여겨질 뿐 별다른 거부감이 들지 않을지도 모르겠다.

그런데 정육점에 '복제 쇠고기'나 '복제 돼지고기'가 진열돼있다면 어떨까? 가족의 식탁에 오르는 음식인 만큼 그 정체가 무엇인지, 먹어도 괜찮은지 궁금할 수밖에 없다. 더군다나 쇠고기나 돼지고기가 복제된 것인지 여부를 소비자가 알 수 없다면 궁금증은 더욱 증폭될 것이다.

복제 동물 고기는 먼 나라 이야기가 아니다. 바로 우리에게 닥치고 있는 고민거리이다. 다만 소비자의 식탁에 오르는 복제 동물 식품은 대부분 복제 동물 자체가 아니라 복제 동물의 정자나 난자를 이용해 일반 동물과 교배해 만든 후손으로부터 유래될 것이기 때문에 그 정체가 무엇인지 더욱 알쏭달쏭해진다.

세계적으로 얼마나 많은 복제 동물이 존재하는지에 대해 정확한 통계는 없다. 각국에서 제시한 값은 모두 추정치일 뿐이다. 유럽연합 식품안전청EFSA, European Food Safety Authority에 따르면 2007년 전 세계에 살아있는 복제 동물은 소 4,000여 마리, 돼지 1,500여 마리이며, 미국에만 각각 750마리와 열 마리가 있다고 한다. 또한 미국 식품의약국과 농무부에 따르면 2008년 미국에 존재하는 복제 동물은 600여 마리이며, 그 대부분이 번식용 소이다. 한편 국내 보고서에서는 세계적으로 존재하는 복제 동물의 수는 소 4,000마리 이하(미국 600여 마리, 유럽연합 100여 마리, 일본 550여 마리), 돼지 500마리 이하로 추정되고 있다(최농훈, 2009: 20).

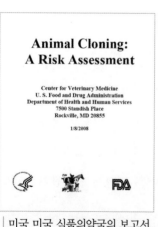

**Animal Cloning:
A Risk Assessment**

Center for Veterinary Medicine
U. S. Food and Drug Administration
Department of Health and Human Services
7500 Standish Place
Rockville, MD 20855

1/8/2008

FDA

| 미국 미국 식품의약국의 보고서,
〈동물 복제: 위험 평가〉.

복제 육류의 판매를 허용한 첫 번째 국가는 미국이다. 2008년 1월 8일 미국 식품의약국은 복제 동물이 식품으로 사용되기에 아무런 문제가 없

생명공학 소비시대 알 권리 선택할 권리

다는 내용의 보고서를 발간했다. 보고서 이름은 〈동물 복제: 위험 평가 Animal Cloning: A Risk Assessment〉이다. "복제한 소, 돼지, 염소, 그리고 이들의 자손에서 얻은 살코기와 우유는 인체에 안전하다"는 내용이 핵심이다. 다만 양은 자료가 불충분해 당시 안전성 판정에서는 제외됐다. 또한 1월 15일 미국 식품의약국은 인터넷 소식지를 통해 "복제는 우수한 혈통을 가진 품종을 만들기 위한 방법이므로 당장 식품으로 사용될 복제 동물 숫자는 많지 않다"면서 "대신 이들끼리 교배해 생긴 후손이 시장에 먼저 선보일 것"이라고 밝혔다.

여기서 후손이란 부모 중 적어도 한쪽이 복제 기술로 태어난 개체를 의미한다. 복제한 동물을 다시 복제했다는 의미가 아니다. 예를 들어 수컷복제 동물을 암컷의 정상 동물 또는 복제 동물과 교배해 태어난 개체가후손에 해당한다. 이때 교배 방식은 자연 교배일 수도 있고 기존의 번식기술을 통해서일 수도 있다.

미국 육류업계는 이미 1990년대 말부터 복제 동물을 식품으로 이용할수 있도록 허가해달라고 정부에 요구하기 시작했다. 2001년 6월 미국 식품의약국 안전성 평가가 나오기 전까지 복제 동물 자체와 그 후손으로부터 얻은 식품을 시장에 내놓지 말 것을 요구했다. 이 요구는 법적 강제조항이 아니라 관련 업계의 자발적 유예voluntary moratorium를 권고하는 형식으로 이뤄졌다.

이후 2002년 미국 국립과학원NAS, National Academy of Science은 복제 동물을 식품으로 사용하기에 별다른 문제가 없다는 판정을 내렸다. 미국 식품의약국은 2003년과 2006년에도 중간 보고서 형식으로 비슷한 견해를 밝혔다.

식품의약국의 2008년 보고서는 이 같은 이전의 입장을 재확인한 최종 결론을 담았다.

미국 식품의약국은 또한 "복제 동물 살코기와 우유가 시장에 나올 때 복제 동물에서 유래한 것임을 알리는 표지를 부착하도록 요구하지 않을 방침"이라고 밝혔다. 대신 "일반 동물의 살코기와 우유 제품에 '복제된 것이 아니다clone-free'는 표지를 부착하도록 허용할 수 있다"고 했다.

미국 식품의약국의 발표 직후 농무부는 식품의약국의 안전성 평가에 대한 마케팅 및 규제 프로그램과 관련해 성명을 발표했다. 미국 농무부는 식품의약국의 평가 결과에 대해 동의하되 복제 동물 유래 식품의 안전성에 대한 행정적 승인 과정이 필요하다고 밝혔다.

미국 농무부는 관련 업계에 복제 동물 '자체'로부터 얻은 식품의 판매에 대해서는 자발적 유예를 지속할 것을 권고했다. 그러나 복제 동물의 '후손'으로부터 얻은 식품은 권고에서 제외됐다.

사실 2008년 미국 식품의약국의 보고서 발간 이전에도 세간에서는 미국에서 복제 쇠고기가 이미 식탁에 올랐을 것이라고 추정했다. 미국의 농장주들이 고급 육류를 확보하기 위해 복제 기술에 관심을 가져왔으며, 실제로 여러 복제 소를 생산해왔기 때문이다. 식품의약국의 허가 분위기를 감지한 미국의 〈로스앤젤레스 타임스Los Angeles Times〉는 2007년 3월 오클라호마 주의 복제 소 사육 목장에서 쇠고기를 가져와 각계 인사를 초청해 시식회를 열어 화제를 모으기도 했다.

보고서 발간 이후 복제 동물 유래의 살코기와 우유가 시장에 본격적으로 유통되기 시작했을 것이다. 다만 '복제산'이라는 표지가 붙어있지 않기 때문에 얼마나 많은 복제 육류가 유통되고 있는지는 정부나 소비자 모두 알 수 없다. 실제로 2008년 9월 3일 캐나다 CBC 뉴스 온라인판은 미국 식품의약국 대변인의 말을 인용하며 복제 동물의 자손으로부터 얻은 살코기와 우유가 이미 시장에 공급되고 있을 가능성이 있다고 보도했다. 당시 대변인은 복제 동물 후손의 살코기나 우유를 보통의 살코기나 우유와 구분하는 것은 불가능하다고 밝혔다.

미국에서 복제 동물 식품의 생산이 현실화되면서 미국으로부터 육류를 수입하는 국가들은 각자의 입장을 정리해 발표하기 시작했다. 대표적으로 유럽연합 식품안전청은 미국 발표와 비슷한 시기인 2008년 1월 12일 미국 식품의약국 보고서와 비슷한 내용을 담은 보고서 초안을 발표했다(최농훈, 2009). 안전성 평가 대상은 소와 돼지 두 종류의 가축이었다. 다만 안전성에 대한 명백한 증거가 없어 최종 결론을 유보한 상태였다.

그런데 최근까지의 동향을 보면 영국과 독일을 비롯한 여러 유럽 국가가 복제 동물 식품을 별다른 표시 없이 판매하도록 허용하고 있으며, 미국처럼 이미 시장에 상품이 유통되고 있을 가능성이 추정되고 있다. 대한무역투자진흥공사KOTRA 홈페이지에 올라와 있는 일부 보고 문건을 보면 이 같은 사실을 확인할 수 있다.

예를 들어 영국 식품표준청FSA, Food Standards Agency은 2010년 8월까지 복제 소에서 생산된 살코기와 우유 등을 집중 단속해 적발하는 활동을 펼쳐왔지만, 11월에는 입장을 바꿔 복제 동물 유래 식품이 안전하다고 합격 평가를 내렸다(김성주, 2010. 11. 30). 이전까지 영국 내에서 문제가 된 살코기와 우유는 미국산 복제 소의 후손에서 유래했다. 미국의 수소(또는 암소)를

The Telegraph

HOME NEWS WORLD SPORT FINANCE COMMENT BLOGS CULTURE TRAVEL LIFE
Women | Motoring | Health | Property | Gardening | Food | History | Relationships | Expat
Recipes | Wine | Wine Shop | Healthy Eating | Restaurants | Pubs | Food and Drink Picture Ga

HOME » FOOD AND DRINK » FOOD AND DRINK NEWS

Meat from offspring of cloned animals to go on sale in UK

Meat and milk from the offspring of cloned animals could be on sale in British
supermarkets by the end of the summer, after attempts to impose controls through
European regulation failed.

Print this article
Share 550
Facebook 455
Twitter 95
Email
LinkedIn 0
+1 9

Food and Drink News
News » Europe »
UK News » EU »
Andy Bloxham »

Meat and milk from cloned animals could be on sale by the end of the summer Photo: PA

영국 일간지에 보도된 복제 소 후손 유통에 관한 기사.

복제하고 이로부터 얻은 정자(또는 난자)를 정상 암소(또는 수소)의 난자(또는 정자)와 결합해 수정란을 만든 후 이를 영국 농장에 들여와 자손을 얻은 것이다.

실제로 2010년 8월 영국의 주요 일간지들은 영국 내에 복제 소의 후손 한 마리가 도축돼 시중에 유통됐으며 다른 한 마리는 유통 직전 적발됐다는 식품표준청의 공식 발표를 앞다퉈 보도했다. 또한 익명의 한 축산업자가 복제 소의 후손으로부터 얻은 우유를 시중에 유통했다고 밝혀 역시 큰 화제가 됐다. 다만 복제 소에서 얻은 수정란이 얼마나 많이 영국에 수입됐는지는 누구도 알 수 없었다.

영국 식품표준청은 2011년 5월 복제 동물 후손에서 얻은 식품이 안전하다며 이를 표시 없이 판매해도 된다는 공식 입장을 밝혔다. 당시 영국 농가에서는 복제 소 후손 100여 마리가 길러지고 있다고 추정됐다.

독일 정부도 복제 동물 유래 식품의 판매를 별다른 제재 없이 허용하는 분위기이다(박인성, 2011. 6. 27). 독일은 2010년 미국에서 수입한 쇠고기 양이 전년에 비해 열네 배 이상 증가했다. 이 같은 상황에서 미국의 복제 동물 식품이 독일 시장에 특별한 표시 없이 섞여 들어오고 있을 가능성이 짐작되고 있다.

유럽연합이 복제 쇠고기를 수입하는 국가는 단지 미국에 그치지 않을 전망이다. 미국의 경제지 〈월스트리트 저널Wall Street Journal〉은 2011년 12월

생명공학 소비시대 알 권리 선택할 권리

1일 자 온라인판에서 아르헨티나가 복제 동물 식품의 대표 주자로 부상하고 있다는 점을 지적했다. 기사에 따르면 아르헨티나의 농림부 관계자는 향후 5~6년 내에 복제와 유전자 변형 생산물 분야에서 세계 최대 수출국으로 성장할 것이며, 이들 생산물로 유럽연합 시장에 진출하겠다는 강한 의지를 표출했다. 최근까지 아르헨티나의 쇠고기는 육질이 뛰어나고 가격이 저렴해 유럽연합을 포함해 세계적으로 인기를 끌고 있다.

일본 역시 비슷한 상황이다. 2009년 2월 일본 식품안전위원회는 〈신개발 식품 평가서〉를 통해 복제 동물 식품이 안전성 면에서 문제가 없다고 공식 발표했다(최농훈, 2009). 일본은 유럽연합과 마찬가지로 미국에서 복제 쇠고기를 수입해야 할지 여부를 두고 고민하는 상황인 듯하다. 일본의 한 일간지에 따르면 일본은 복제 동물 유래 식품에 대한 공식 발표 10여 개월 전 미국으로부터 '비공식적으로' 복제 쇠고기 수입을 검토해달라는 요청을 받았다고 한다. 2008년 5월 11일 자 일본의 영어 일간지 〈더 저팬 타임스The Japan Times〉는 일본과 미국 관계자들에게 얻은 정보를 토대로 미국이 2008년 1월 중순(식품의약국의 공식 발표 직후) 일본에 복제 동물 유래 식품의 수출을 허가해달라고 요청하기 시작했으며 일본 후생노동성은 같은 해 4월 1일 식품안전위원회에 안전성 평가를 의뢰했다.

복제 동물 유래 식품에 대한 한국의 연구 결과도 외국과 유사하게 나타났다. 2008년 6월 26일 농촌진흥청은 축산과학원에서 생산한 복제 소의 성분 분석과 독성 실험을 진행한 결과를 발표했다(농림수산식품부, 2008. 8). 핵심 내용은 건강한 복제 소나 돼지 또는 그 후손에서 생산된 고기나 우유 등의 음식은 조성과 영양학적 가치 면에서 정상 동물과 비슷하게 정상 범주에 포함된다는 것이었다.

식품의약품안전청은 농림수산식품부와 달리 최근까지 자체적인 안전성 평가 결과를 발표하지 않고 있다. 다만 2008년 건국대학교 수의과대학에 의뢰해 〈복제 동물 유래 식품 현황 조사 및 기준 연구〉라는 보고서(최농훈, 2009)를 발간해 외국 현황에 대한 포괄적인 자료와 국내 당면 과제를 제시했다.

사실 한국 농가에서는 이미 2000년에 복제 기술로 만든 우량 소의 수정란이 대리모의 몸속에서 자라고 있던 적이 있었다(농림수산식품부, 2008. 8). 축산과학원에 따르면 국내에서는 1998년 12월 복제 소 '새빛'을 시작으로 복제 소와 그 후손을 계속 생산했으며, 2000년 3월에는 복제를 통한 우량 소 보급을 위해 '가축복제연구센터'를 개소했다.

가축복제연구센터는 농림부의 '복제 기술을 통한 우량 소 보급 계획'에 따라 능력이 우수한 복제 한우를 대량으로 농가에 보급할 계획이었다. 이를 위해 복제 기술 인력 520명(축산기술연구소 전문 인력 40명, 민간 인공수정사와 수의사 480명)을 육성하는 한편, 당시의 복제 성공률인 10% 수준을 40%로 끌어올릴 목표를 세우고 있었다.

농림부 계획이 순조롭게 진행된다면 2008년까지 총 233억 원이 투입돼 복제 한우 암소 10만 마리가 키워질 전망이었다. 당시 자연산 한우 암소 100만 마리의 10% 수준이다. 세계적으로 유래를 찾아볼 수 없는 거대한 규모였다.

농림부가 전격적으로 복제에 나선 이유는 2001년 쇠고기 수입 시장이 완전히 개방되는 일에 장기적으로 대비하기 위해서였다. 농림부는 한우가 외국의 저렴한 쇠고기에 대항해 살아남으려면 품질을 높이는 수밖에 없다고 판단해 이를 획기적으로 실현할 방법으로 복제 기술을 택한 것이다.

2000년 12월 말 기준으로 농가에 이식된 복제 수정란의 수는 무려 838두였다. 하지만 당시 시민 단체에서 복제 소 생산물의 안전성을 이유로 농가 보급을 중단하라고 요구했고, 이에 따라 복제 수정란의 보급은 중지됐다.

현 단계에서 한국의 복제 동물 수는 외국에 비해 그리 많지 않다. 2008년 기준으로 국내에서 자라고 있는 복제 소는 총 서른세 마리이다(최농훈, 2009). 이 가운데 열네 마리는 1대 복제 소이며, 나머지 열아홉 마리는 2~3대 복제 소이다. 이들은 국립축산과학원과 제주축산진흥원 두 곳에서 자라고 있다. 그렇다면 아직까지 한국에서는 미국과 달리 국내에서 생산한 복제 소에서 유래한 식품은 등장하지 않았을 것이다.

하지만 한국 정부의 복제 동물을 식용으로 활용하겠다는 의지는 확실해 보인다. 일례로 2009년 1월 초 국내 한 언론 보도에 따르면 경기도 수원 농촌진흥청 산하 축산과학원에서는 전국 각지에서 온 복제 소 열네 마리와 이들로부터 얻은 정자와 난자를 이용해 인공수정으로 태어난 소 열여덟 마리가 자라고 있었다. 이 가운데 일반 한우보다 몸무게가 두 배 가까이 많이 나가는 울산의 '울트라 한우'를 복제한 소가 있다. 당시 축산과학원은 이천의 한우나 제주도의 흑우처럼 몸무게가 많이 나가고 육질이 좋은 종자를 골라 복제를 추진하고 있다고 밝혔다.

특히 제주도 흑우는 육질에 지방 성분이 골고루 퍼져있는 마블링 상태가 일반 한우보다 뛰어나다고 알려졌다. 조선 시대 임금에게 진상될 정

복제 기술로 태어난 제주 흑우.
ⓒ 제주대학교

도로 품질이 좋았지만 고기 양이 적어 일제강점기 이후 농가에서 외면당하고 있는 실정이다. 2009년 4월 제주도는 2017년까지 1,200마리의 흑우를 3만 마리로 늘릴 계획이라고 밝혔는데, 그 방법 가운데 하나가 바로 복제였다.

2009년 8월 실제로 제주 흑우가 복제 기술로 태어났다는 소식이 전해졌다. 제주대학교 줄기세포연구센터 박세필 교수와 벤처 회사 미래생명공학연구소 연구팀은 제주도와 농림수산식품부의 지원으로 멸종 위기의 제주 흑우 씨수소를 복제하는 데 성공했다고 밝혔다.

흑우 이외에 임금님 수라상에 올랐던 소가 또 있다. 칡소이다. 황색 바탕에 검은 줄무늬가 칡넝쿨처럼 얽힌 모습이어서 붙은 이름이다. 칡소는 얼룩무늬소라고도 불리는데, 우리에게 익숙한 흰 바탕에 검은 무늬를 가진 외국 얼룩소(홀스타인)와 모습이 전혀 다르다. 흑우와 마찬가지로 국내에서는 칡소를 복제하는 연구가 진행 중이다.

한편 한국이 수입하고 있는 쇠고기 가운데 혹시 복제 쇠고기가 섞여있을 가능성은 없을까. 또는 한국에 외국산 복제 소의 후손에서 유래한 고기나 우유가 유통될 가능성은 없을까. 장담할 수 없다. 다만 존재한다 해도 그 양은 현 단계로서는 미미할 것이다.

한국에서 미국산 쇠고기의 수입이 점차 증가하고 있는 추세라는 사실은 잘 알려져 있다. 2012년 초 관세청의 '2011년 농축수산물 수입 가격 동향'에 따르면 2011년 국내에 수입된 쇠고기의 양은 34만 4,000톤으로 2010

년보다 18% 늘었으며, 이 가운데 미국산 쇠고기의 수입은 12만 8,000톤으로 전년에 비해 38.6% 증가했다.

수입하고 있는 수정란과 정자 가운데 복제 동물에서 유래한 것이 존재할 수도 있다. 국내 축산업계는 국내 가축의 품종 개량을 위해 외국의 우수 품종의 정액을 계속 수입해왔다. 일례로 농촌진흥청의 한 보도 자료에 따르면 2009년 12월까지 농가의 신청을 접수한 결과, 총 93개 농가에서 미국, 캐나다, 오스트레일리아의 열세 종류 젖소 정액 5,870개를 신청했다고 한다.

66여섯 살 된 양의 유방으로부터 얻은 젖샘 세포를 배양하고 이를 미리 핵이 제거된 미수정란에 이식했다. 그 결과물이 복제 수정란이다. 여기에 약간의 전기 충격 등 인위적인 환경 변화를 가하자 복제 수정란은 자신이 진짜 수정란인 것처럼 분열을 거듭하기 시작했다.**99**

CHAPTER 2

복제 생명체
어떻게 만들까

복제 기술은 상식적으로 이해가 안 되는 묘한 기술이다. 동물이 태어나려면 정자와 난자가 수정을 해야 한다. 그 수정란이 분열을 거듭하다 하나의 개체로 자라난다.

그런데 복제 동물은 상황이 다르다. 단적으로 정자가 필요 없다. 난자는 필요하지만 난자의 유전자는 필요 없다. 일반 체세포와 '속이 빈 난자'가 결합돼 하나의 생명체로 자라난다. 여기에서 속이 비어있다는 말은 난자에서 유전 정보가 담긴 핵을 사전에 제거했다는 의미이다. 새로

〈네이처〉에 실린 복제 양 돌리.

운 생명체에게 필요한 유전 정보는 체세포의 핵에서 제공되는 것이다. 자연계에서 도저히 일어날 수 없는 현상이다. 그 첫 결과물이 1996년에 세상에 선보인 복제 양 돌리였다.

1997년, 영국 로즐린 연구소의 이언 윌멋Ian Wilmut 박사와 키스 캠벨Keith Campbell 박사는 성장한 양을 최초로 복제하는 데 성공했다는 내용을 2월 27일 자 〈네이처Nature〉에 게재했다. 당시 적지 않은 과학자들은 양의 복제에는 성공했지만 다른 포유동물이 같은 방법으로 복제될 수 있을지에 대해서는 의문을 표시했다. 하지만 돌리가 탄생한 지 몇 년 지나지 않아 과학자들의 부정적 시각은 완전히 사라졌다. 양 외에도 소, 원숭이, 쥐 등 다양한 동물 복제가 곳곳에서 이뤄졌기 때문이다. 2009년 4월 14일에는 두바이가 처음으로 낙타를 복제하는 데 성공했다고 밝혀 화제를 모으기도 했다.

체세포는 귀, 코, 자궁 등 몸의 어느 부위에서나 쉽게 구할 수 있다. 속이 빈 난자 역시 현대의 생명공학에 힘입어 어렵지 않게 얻을 수 있다. 내가 나의 세포 하나를 피부에서 떼어내 속이 빈 난자에 집어넣고 잘 기르면 나와 유전 구조가 똑같은 '또 다른 나'가 탄생할 수 있다.

사실 돌리가 태어나기 전에도 복제 기술은 이미 활용되고 있었다. 1993년 로버트 스틸먼Robert Stillman과 제리 홀Jerry Hall 박사는 인간을 대상으로 복제 실험에 성공해 세상을 떠들썩하게 만들었다. 그런데 이들이 복제 실험에 사용한 것은 인간의 체세포가 아니라 수정란 단계의 생명체였다(수정란 복제). 정자와 난자가 만나 만들어진 수정란은 분열을 거듭하며 수많은 세포로 분할된다. 스틸먼과 홀은 이 세포 가운데 하나를 떼어내 속이 빈 난자에 이식해본 것이다. 그러자 그 세포가 마치 하나의 생명체처럼 계속 분열을 거듭하며 독립적인 개체로 자라날 조짐을 보였다. 물론 사람을 대상으로 한 실험이었기 때문에 이들은 더 이상 연구를 진행하지 않았다.

1997년 3월 2일 미국 일간지 〈워싱턴 포스트The Washington Post〉에 보도된 원숭이 복제 실험도 이와 유사한 것이었다. 미국의 오리건 영장류연구센터의 돈 울프 박사팀은 수정란이 여덟 개로 나눠졌을 때 이들을 각각 분리해 핵이 제거된 난자에 주입한 뒤 유전적으로 같은 형질을 가진 여덟 개의 수정란을 생산했다. 그리고 이런 방법에 의해 출생한 원숭이들을 일반인에게 공개했다.

하지만 이 원숭이는 진정한 의미의 복제 기술로 태어난 돌리와는 격이 다르다. 수정란이 분열하는 초기에 세포 하나를 떼어내 키우면 독립된 하나의 개체로 자랄 수 있다는 점은 사실 발생학 분야에서 많이 알려진 일이었다.

하지만 돌리는 다르다. 돌리는 다 자란 어른의 체세포 하나로 만들어진 생명체이다. 진정한 의미의 복제는 이처럼 이미 성장한 생물로부터 이와 똑같은 개체를 생산하는 일이다. 인간도 '이론적으로는' 각 분야에서 뛰어난 인물들을 선택해 복제할 수 있다.

월멋 박사는 어떤 비법을 써서 이 일을 실현했을까. 그는 여섯 살 된 양의 유방으로부터 얻은 젖샘 세포를 배양하고 이를 미리 핵이 제거된 미수정란에 이식했다(체세포 핵 치환법). 그 결과물이 복제 수정란이다. 여기에 약간의 전기 충격 등 인위적인 환경 변화를 가하자 복제 수정란은 자신이 진짜 수정란인 것처럼 분열을 거듭하기 시작했다.

복제 수정란은 대리모 자궁에 이식돼 돌리라는 복제 양으로 태어났다. 아빠는 없고 엄마만 세 마리인 셈이다. 젖샘 세포를 제공한 엄마, 난자를 제공한 엄마, 그리고 자궁에서 키워준 엄마이다.

물론 이 일이 간단하지는 않았다. 윌멋 박사는 무려 277회의 실험 끝에 돌리를 만들었다고 밝혔다. 이미 다 자란 특정 부위의 세포를 시간을 되돌려 수정란 단계의 세포처럼 바꾸는 일이 결코 쉬운 일은 아니었다. 젖샘 세포가 하나의 개체를 만들어내리라고 누가 상상할 수 있었을까.

돌리는 포유동물로서 첫 번째로 복제됐다는 점에서 의미가 컸다. 사실 체세포 핵 치환법으로 태어난 첫 번째 동물은 양서류인 개구리였다. 2012년 노벨 생리의학상 수상자의 한 명인 영국 케임브리지 대학교 거던 연구소의 존 거던John Gurdon 박사가 1962년에 성공한 실험이었다.

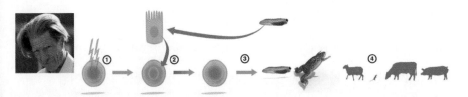

존 거던 박사의 체세포 핵 치환법으로 개구리를 복제하는 과정. 거던 박사의 실험은 개구리 난자에 자외선을 쪼여 핵을 파괴하고① 여기에 올챙이 내장 세포에서 추출한 핵을 삽입하자② 정상 올챙이가 발생할 수 있다는 사실을 보여줬다③. 이 방법을 토대로 돌리를 비롯해 소, 돼지, 개 등 갖가지 포유동물에서 복제 생명체가 태어날 수 있었다④. ⓒ nobelprize.org

생명공학 소비시대 알 권리 선택할 권리

거던 박사는 영국 옥스퍼드 대학교 동물학과에서 자외선을 쪼여 개구리 난자에 있는 핵을 파괴했다. 그리고 올챙이의 내장 세포(체세포)에서 추출한 핵을 난자에 집어넣었다. 그러자 일부 난자에서 정상적으로 헤엄을 치는 올챙이가 발생한 것이다. 이미 분화를 마친 체세포라 할지라도 적절한 외부 자극이 주어지면 분화 이전의 초기 상태로 되돌아갈 수 있음을 보여준 연구였다. 이 방법을 토대로 돌리를 비롯해 소, 돼지, 개 등 갖가지 포유동물에서 복제 생명체가 태어날 수 있었다.

2012년 노벨 생리의학상 수상자와 황우석

존 거던 박사와 함께 2012년 노벨 생리의학상 수상의 영예를 안은 또 한 명의 과학자는 일본 교토 대학교의 야마나카 신야 교수였다. 야마나카 교수는 2006년 이미 분화를 마친 체세포에 특정 유전자 네 개를 삽입함으로써 체세포의 상태에서 배아줄기세포와 비슷한 초기 상태로 되돌아갈 수 있다는 점을 보여줬다. 이처럼 2012년 노벨 생리의학상 수상자들의 연구 주제는 시간을 되돌리는 역분화 메커니즘에 맞춰져 있다. 보통 노벨상은 최소한 첫 연구 성과 이후 10년 이상이 지나야 주어지지만, 야마나카 교수는 이례적으로 불과 6년 만에 수상의 영예를 안았다.

야마나카 교수의 수상 소식을 접하면서 새삼 2005년 한국 사회를 집단 패닉 상태로 만든 '줄기세포 사건'의 한가운데 있었던 황우석 전 서울대학교 교수가 떠오른다. 야마나카 교수와 황우석 전 교수가 추구했던 줄기세포는 '환자 맞춤형'이라는 공통점이 있다. 하지만 2012년 노벨상은 한때 세계적으로 각광받은 황우석 전 교수의 '복제 배아줄기세포' 연구가 환자 맞춤형 세포 치료 분야에서 더 이상 새롭거나 획기적이지 않은, 이미 과거의 것이 돼버렸음을 알려주고 있다. 그 이유를 줄기세포가 난치병 치료에 어떻게 쓰이는지에 대한 설명을 통해 알아보자.

몸에 병이 들었다는 말은 어떤 장기의 세포가 손상됐다는 의미이다. 이를 고치려면 손상된 부위에 건강한 세포가 자라나게 하면 된다. 그러나 이 일은 웬만해서는 자연적으로 일어나지 않는다. 현대 의학은 수술과 첨단의 의약 제품을 통해 장기의 기능을 회복시키려 하지만 질환의 원인조차 제대로 밝히지 못하는 난치병이 수두룩한 게 현실이다.

새로운 대안의 하나로 아예 건강한 세포를 질환 부위에 이식하는 방법이 있다. 예를 들어 췌장의 기능이 떨어져 당뇨병에 걸린 사람에게 건강한 췌장 세포를 이식하면 되지 않겠는가. 알츠하이머형 치매나 각종 암의 경우에도 해당 장기를 구성하는 건강한 세포를 이식한다면 난치병 극복의 시간은 훨씬 앞당겨질 것이다.

하지만 커다란 걸림돌이 있다. 건강한 세포를 어디서 구할 수 있는지의 문제이다. 이때 과학자들이 문제 해결의 가능성을 발견한 대상이 바로 배아이다. 배아는 완전한 개체로 자라날 수 있는 잠재력을 가지고 있다. 따라서 실험실에서 잘만 배양하면 인체를 구성하는 210여 개의 장기로 발달할 각종 세포를 얻을 수 있다.

그렇다면 배아는 어디서 얻을 수 있을까. 바로 불임 클리닉이다. 시험관에서 인공적으로 수정란을 만들고 며칠간 발달시킨 후 이를 자궁에 이식하는 일이 불임 클리닉의 주요 업무의 하나이다. 그런데 임신 성공률을 높이기 위해 수정란은 항상 넉넉한 수로 준비된다. 따라서 일단 임신에 성공하면 여분의 수정란은 불임 부부에게 쓸모가 없어지므로, 불임 클리닉에서 이를 보관한다. 이 여분의 수정란은 폐기되거나 불임 부부의 동의 아래 실험용으로 사용되고는 한다.

하지만 이런 방식으로 얻은 배아는 수많은 난치병 환자를 치료하기에 수가 턱없이 부족하다. 따라서 배아를 시험관에서 대량으로 배양하는 일이 필요하다.

원리는 이렇다. 수정란이 4~5일 정도 지나면 100~200개의 세포로 이뤄진 배반포기 상태가 된다. 안쪽 윗부분에 세포 덩어리inner cell mass가 있고, 아랫부분은 비어있는 형태이다. 세포 덩어리를 둘러싼 영양아층은 나중에 태반으로 자라날 곳이다.

이 가운데 장차 각종 장기로 발달할 부분은 바로 세포 덩어리이다. 이를 조심스럽게 떼어낸 후 특수한 배양액에 넣는다. 여기서 중요한 점은 세포가 근육이나 신경과 같은 조직으로 분화해서는 안 된다는 사실이다. 즉 특정 조직으로 분화되지 않으면서 분열만 거듭하는 조건을 만들어줘야 한다.

만일 충분한 수의 세포로 분열됐다면 이 가운데 일부를 다시 새로운 배양액에 넣는다. 이번에는 근육이나 신경으로 분화하도록 유도하기 위해서이다. 이처럼 분열과 분화 모두를 수행할 수 있는 배아 세포를 가리켜 생물학에서는 배아줄기세포embryo stem cell라고 부른다. 1998년 미국 위스콘신 대학교 발달생물학자 제임스 톰슨James Thomson 박사와 존스홉킨스 대학교의 존 기어하트John Gearhart 박사는 세계 최초로 인간의 줄기세포를 배양하는 데 성공했다. 이들은 시험관에서 분리한 약 20개의 줄기세포가 신경, 피부, 근육, 연골 등으로 분화되는 것을 확인했다.

그러나 배아줄기세포가 치료를 위해 아무리 좋은 재료라 해도 다른 사람의 세포는 면역적으로 거부 반응을 일으킨다. 따라서 간염 환자의 경우 자신의 간세포를 얻어 이식하는 것이 가장 좋다. 그런데 어디서 자신의 간세포를 얻을 수 있을까. 복제 기술이 이를 실현할 수 있다. 즉 환자 자신의 체세포 하나를 떼어내 핵이 제거된 난자와 결합시킨 후 잘 배양하면 배반포기까지 자랄 수 있다. 여기서 줄기세포를 얻고 이 가운데 간으로 자라날 세포를 골라내면, 면역 거부 반응이 없이 치료가 가능해진다. 바로 이것이 황우석 전 교수가 연구했던 복제 배아줄기세포의 개념이다.

하지만 이 줄기세포는 윤리 문제 때문에 많은 반대 여론을 일으켰다.

먼저 복제 배아줄기세포에 반대하는 사람들은 인간의 배아 역시 엄연한 생명체라고 주장한다. 그렇다면 배아에서 세포 덩어리를 떼어내 줄기세포를 만드는 과정은 생명체를 함부로 조작하는 것이 아닌가. 이 실험을 위해 수많은 생명체(배아)가 폐기되는 일은 살인 행위가 아닌가.

더욱이 복제 배아는 인간 개체 복제로 이어질 가능성이 있다. 즉 누군가가 복제 배아를 대리모의 자궁에 이식하는 실험을 진행한다면 복제 양 돌리와 마찬가지로 '복제 인간 아무개'가 등장할 수 있다.

이런 비판적인 의견에 대해 관련 연구자들은 대체로 '수정 후 14일까지의 배아는 실험용으로 사용하도록 허가해야 한다'는 입장이다. 왜 14일일까? 14일에 이르러서야 배아의 각 세포는 몸의 어떤 부위로 자랄지 명확하게 결정되기 때문이다. 특히 일부가 척추로 자라날 원시선primitive streak이 뚜렷이 드러나는 게 이 시기이다. 따라서 14일 이전까지의 배아는 엄격한 의미에서 생명체라 말하기 어려우며, 난치병 치료와 같은 의학적 목적으로 복제 배아 실험을 수행해야 한다는 주장이다. 또한 인간을 완전한 개체로 자라나게 하는 일은 법으로 엄격히 규제하면 문제가 해결될 수 있다. 가능하면 윤리 문제를 일으키지 않으면서 난치병에 시달리는 수많은 환자를 치료하려는 과학자들의 고뇌가 엿보이는 대목이다.

복제 배아줄기세포가 안고 있는 또 다른 문제는 안전성이다.

우선 복제 배아줄기세포는 모든 난치병에 효력을 발휘할 수 없다. 선천적으로 유전병을 앓고 있는 환자의 경우 신체의 모든 세포는 유전적 결함을 안고 있다. 환자 자신의 세포를 떼어내 복제한다면 배아로부터 얻은 줄기세포 역시 동일한 유전적 결함을 갖게 된다. 이런 세포로 병을 치료할 수는 없는 노릇이다. 따라서 복제 배아줄기세포는 후천적인 난치병에 시달리는 환자에게만 유용할 것으로 보인다.

또 하나의 문제는 복제 배아가 보통의 배아보다 노화됐을 가능성이다. 복제 배아는 환자의 체세포를 이용해 만든다. 그렇다면 복제 배아는 그 환자의 나이만큼 노화됐을 것이라는 추측이 나올 수 있다. 이로부터 얻어낸 줄기세포 역시 노화가 어느 정도 진행됐을 것이어서 기능이 보통의 배아줄기세포보다 많이 떨어지거나 비정상적으로 발휘되지 않을까.

한편 복제 배아줄기세포를 얻는 방법의 효율성에 대한 지적도 있다. 예를 들어 가톨릭대학교 세포유전자치료연구소 오일환 소장은 "현재의 기술 수준으로 볼 때 복제 배아 실험이 성공하려면 수백 개의 난자가 필요하다"며 "여성 한 명이 일생 동안 자연적으로 배란하는 난자의 수가 300여 개에 불과한데, 그 많은 실험용 난자를 어디서 얻을 생각인지 알 수 없다"고 밝힌 바 있다.

이런 상황에서 이전과는 전혀 다른 방법으로 줄기세포를 얻는 획기적인 소식이 보고되기 시작했다. 2007년 11월 일본과 미국 연구팀이 최고의 국제 학술저널 〈사이언스Science〉와 〈셀Cell〉에 연구 논문을 발표했다.

2012년 노벨상을 받은 야마나카 교수팀, 그리고 미국 위스콘신 메디슨 대학교 제임스 톰슨 교수팀은 각각 어른의 피부 세포를 배아줄기세포와 같은 분화 능력을 가진 세포로 전환하는 데 성공했다고 밝혔다. 공통적으로 바이러스를 운반체로 사용해 세포 분화에 관여하는 유전자 네 개를 섬유모세포에 넣었다. 그 결과 섬유모세포가 배아줄기세포처럼 분화하기 시작했다. 만일 환자의 피부 세포를 떼어내 이 방법으로 줄기세포를 만들어낸다면 면역 거부 반응 없는 훌륭한 치료제를 얻을 수 있다. 이 역시 '환자 맞춤형 줄기세포'이다. 학문 용어로는 '유도 다분화능 줄기세포iPS, induced Pluripotent Stem cells'라고 불린다.

당시 학계와 매스컴이 흥분한 이유는 이들의 연구가 그동안 진행돼온 생명 윤리 논란을 종식시킬 수 있었기 때문이다. 복제 배아줄기세포와 달리 난자와 배아, 그리고 복제 과정이 전혀 필요하지 않았다.

다만 극복해야 할 과제가 남아있다. 먼저 안전성 문제. 일본과 미국 연구팀은 모두 유도 다분화능 줄기세포를 얻기 위해 바이러스를 이용했다. 이 바이러스가 인체에 어떤 영향을 미칠지 충분히 연구해야 한다. 이 문제를 해결하기 위해 최근에는 바이러스 대신 유전자나 단백질 조각으로 운반체를 대신하는 연구가 활발히 진행되고 있다. 어떤 결과가 나올지 지켜볼 일이다.

또 환자에게서 얻은 유도 다분화능 줄기세포가 과연 환자의 질병을 완전하게 치료할 수 있을지 궁금하다. 유전 질환을 앓고 있는 환자라면 어느 체세포를 떼어내더라도 유전자에 결함이 있을 것이다. 이런 불완전한 체세포에서 얻은 유도 다분화능 줄기세포가 '약효'를 제대로 발휘할 수 있을까.

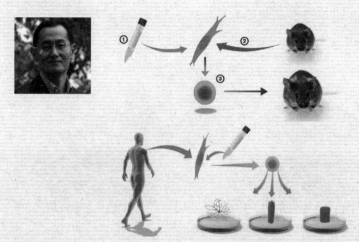

야마나카 교수가 연구한 성인 피부에서 유도 다분화능 줄기세포를 얻는 과정. 야마나카 교수는 세포를 분화시키는 일에 관여하는 유전자 네 개①를 생쥐의 섬유모세포②에 삽입한 결과 이 섬유모세포가 체내 온갖 종류의 세포로 자랄 수 있는 다분화 능력을 발휘할 수 있도록 변화한다는 사실을 밝혔다③. 이 변형된 섬유모세포는 생쥐의 질병 부위에 이식될 때 건강한 세포로 자랄 수 있다는 점에서 '환자맞춤형' 줄기세포로 불린다. 학문 용어로는 유도 다분화능 줄기세포라고 한다. ⓒ nobelprize.org

66복제 동물 식품의 안전성을 주장하는 내용 가운데 눈길을 끄는 대목이 있다. 복제 동물 식품이 GMO보다 안전하다는 점이 부각되고 있다는 사실이다. 그 근거는 복제된 동물이 마치 일란성쌍둥이처럼 원래 동물과 유전정보가 동일하다는 점이다. 새로운 외래 유전자를 포함하고 있지 않으므로 더욱 안전하다는 설명이다.**99**

CHAPTER 3

복제 쇠고기는 GMO보다 안전한가

복제 동물을 사람의 식품으로 사용해도 안전하다는 판단에는 GMO의 경우와 유사하게 '실질적 동등성'의 원리가 관통하고 있다. 먼저 복제 동물과 기존 동물의 건강 상태를 비교한다. 그리고 복제 동물에서 유래한 고기나 우유를 실험동물에게 먹여봤을 때 이상 증세가 없는지 살펴본다. 여기에는 GMO의 경우와 마찬가지로 장기간에 걸친 독성 실험은 빠져 있다. 조사 결과 별다른 차이가 발생하지 않았다고 판단되면, 즉 복제 동물 식품과 일반 식품이 실질적으로 동등하다고 판단되면 복제 동물 식품을 식용으로 승인한다.

2008년 1월 발간된 미국 식품의약국의 보고서는 모두 세 가지였다. 과학적 위해 평가, 정부의 위해 관리, 그리고 업계의 지침 등에 관한 내용이다. 여기서는 과학적 위해 평가 내용을 중심으로 안전성의 근거를 살펴보자.

미국 식품의약국은 미국 내 복제 동물 600마리와 그 자손 수백 마리를 조사했다. 여기서 의미하는 조사란 미국 식품의약국이 모든 복제 동물의 상태를 일일이 확인해 직접 조사했다는 것이 아니라 이들에 대한 과학자들의 연구 논문이나 보고서를 조사했다는 뜻이다. 보고서에 검토된 참고문헌의 수만 2,000건이 넘는다.

미국 식품의약국이 복제 동물의 안전성을 평가하기 위해 비교한 대상은 기존의 번식 기술을 이용해 태어난 동물이었다. 즉 인공수정, 체외수정 등을 통해 생산돼 우리가 섭취하고 있는 동물을 비교 대상으로 삼았다.

먼저 복제 동물과 그 자손들의 무게, 크기, 장기 기능, 혈액 특성 등 건강 상태를 조사했다. 특히 가장 자료가 방대한 소의 경우 태아기(복제 수정란~태아 발생), 신생기(분만~출생 후 며칠), 발육기, 성숙기, 노쇠기 등 5단계로 구분해 조사를 진행했다.

복제 소는 발육기와 성숙기 단계에서 기존의 소에 비해 어떠한 추가적인 문제가 발생하지 않았다. 만일 신생기에서 신체에 이상 증세가 있다면 발육기 단계에 이르지 못할 것이며, 일단 발육기 단계에 접어든 복제 소는 모두 정상적으로 성장하기 시작했다. 또한 신생기에 생존하지 못하거나 기형으로 자라기도 하지만 이는 기존 번식 기술이나 자연교배를 통해 태어난 소에서도 나타나는 현상이다. 물론 신생기에 이상 증세를 보이다 살아남은 복제 소가 있을 수 있지만 이 같은 복제 소가 검역 절차에서 통과될 수는 없을 것이다. 한편 성숙기에 들어선 건강한 복제 소는 정상적인 생식 기능을 발휘해 건강한 후손을 낳는다는 점을 확인했다.

복제 돼지와 복제 염소에 대한 평가도 유사했다. 또한 복제 동물의 후손, 즉 복제 동물의 정자 또는 난자를 이용해 태어난 후손은 일반적으로 복제 동물에서 관찰되는 이상 증세가 아예 나타나지 않았다. 보고서의 내용대로라면 복제 동물에 비해 그 후손은 건강 상태가 더 뛰어나다는 의미이다.

복제 동물의 살코기와 우유의 영양 성분도 검토했다. 단백질의 특성, 지방과 단백질 비율, 비타민 및 무기질의 함량 등의 성분을 비교 조사했다.

복제 동물 유래 식품이 인체 건강에 미칠 영향은 어떨까. 물론 인체를 대상으로 실험해 안전성을 평가할 수는 없는 노릇이다. 대신 미국 식품의약국은 복제 동물의 살코기와 우유를 100여 일간 동물에게 먹인 결과 알레르기 반응이나 이상 행동 등 부작용이 발견되지 않았다는 연구 결과를 참조했다.

보고서의 결론은 "건강하게 자라고 있는 복제 동물의 살코기와 우유는 일반 동물과 다를 바가 없다"는 것이다. 만일 영양 성분의 차이나 안전성 면에서 문제가 있다 해도 이는 기존의 번식 기술이나 자연교배를 통해 태어난 동물과 비슷한 범주에 속한다. 즉 복제 동물 유래 식품은 기존 동물 식품에 비해 '추가적인' 위험이 없다는 이야기이다.

복제 동물 식품의 안전성을 주장하는 내용 가운데 눈길을 끄는 대목이 있다. 복제 동물 식품이 GMO보다 안전하다는 점이 부각되고 있다는 사실이다. 그 근거는 복제된 동물이 마치 일란성쌍둥이처럼 원래 동물과 유전정보가 동일하다는 점이다. 새로운 외래 유전자를 포함하고 있지 않으므로 더욱 안전하다는 설명이다.

따라서 미국 식품의약국은 복제 동물 식품은 GMO와 달리 표시제가 아예 필요 없다고 판단했다. 이 같은 판

복제 동물 관련 웹사이트인 CloneSafety.org에서는 복제는 GMO와 다르다고 강조하고 있다.

단은 미국뿐 아니라 유럽연합에서도 나오고 있다. 물론 미국 정부는 처음부터 최근까지 GMO도 표시가 필요 없다는 것이 공식 입장이었지만, 복제 동물의 안전성에 대한 언급에서 유전자 변형이 아니라는 점을 부각한 것을 보면 GMO보다 상당히 안전하다고 자신하는 느낌을 받을 수 있다. 실제로 관련 업계에서 운영하는 웹사이트CloneSafety.org에서는 "복제는 DNA를 변화시키지 않으며 GMO와는 다르다"라며 "단지 보조 생식 기술일 뿐"이라고 분명히 밝히고 있다.

66 소비자 입장에서 볼 때 복제 동물 또는 그 후손을 이용해 생산한 식품은 기존의 동물 식품에 비해 품질이 향상될 가능성이 있다. GMO에 비유하자면 처음부터 2세대에 돌입한 셈이다. 동물을 복제하는 목적은 우수한 형질을 가진 품종을 생산하는 데 있다. 따라서 복제 동물 식품은 축산업계나 소비자 모두에게 명확한 이익을 제공할 가능성이 있다. **99**

CHAPTER 4

청사진

복제 기술은 고성능, 고품질의 동물을 대량으로 만들어낼 수 있는 획기적인 기술이다. 국내에서 시도되고 있는 한우 복제가 대표 사례이다. 만일 복제 한우가 식용으로 시판된다면 육류업계로서는 최상 등급 육질의 쇠고기와 우유를 대량으로 생산하는 길이 열린다.

현재 소 한 마리를 복제하는 데 소요되는 비용은 최소한 1만 달러 이상이다(Council for Agricultural Science and Technology, 2009: 4). 보통 소 한 마리를 육류값으로 따지면 2,000달러를 넘지 않는다. 따라서 복제 소를 식품으로 사용하는 일은 전혀 수지타산이 맞지 않아 보인다.

더욱이 최근까지 동물 복제 성공률은 매우 낮았다. 만일 100개의 복제 수정란을 만들었다면 이들 가운데 대리모의 자궁에 이식할 만큼 잘 성장한 수정란의 비율은 40~50% 선이다. 그리고 이들 가운데 무사히 생명체로 태어나는 비율은 10% 정도이다. 처음 복제 수정란을 만들었을 때를 기준으로 하면 그 성공률이 4~5% 정도에 머문다는 이야기이다.

그런데 2008년 미국 식품의약국의 보고서는 미국 육류업계가 1990년대 말부터 복제 동물을 식품으로 이용할 수 있도록 허가해달라는 요청에 따른 것이었다. 육류업계는 어떤 경제적 판단으로 이 같은 요청을 했을까.

식용 복제 동물을 생산하는 기술은 씨암컷이나 씨수컷같이 번식을 위해 선택되는 종축種畜, breeding stock 생산에 가장 많이 사용될 것이다 (Council for Agricultural Science and Technology, 2009: 2). 즉 먼저 육질이나 우유 생산 면에서 가장 우수한 형질을 가진 소를 고른 후 그 체세포를 이용해 복제하는 것이다. 이때 얻은 복제 소를 다른 복제 소나 일반 소와 교배해 많은 자손을 얻어내고, 이 자손들의 육류와 우유를 시판하면 경제적으로 이익을 얻을 수 있다. 미국에서 현재 10만 달러 이상의 가치가 있는 수소는 수백 마리에 달한다. 이들을 복제해 우수한 형질의 복제 암소와 대거 교배하면 수지타산이 맞는다는 계산이다.

복제 소의 자손을 얻기 위해서는 인공수정과 체외수정 방법이 사용될 수 있다. 인공수정은 복제 소 수컷에서 정자를 얻고 이를 복제 소 또는 보통 소의 암컷 생식기에 집어넣어 수정을 유도하는 방식이다. 그리고 체외수정은 흔히 이야기하는 시험관아기를 의미하는데, 복제 소의 정자

(또는 난자)를 복제 소나 보통 소의 난자(또는 정자)와 결합해 수정란을 얻은 후 암소의 자궁에 이식하는 방식이다. 소의 육종 기술 수준은 세계에서 단연 미국이 앞서는데, 유럽연합은 매년 미국으로부터 2300만 달러 규모의 수소 정자를 구입한다고 한다.

복제 기술은 종축 한 마리를 확인하는 데 드는 비용을 상쇄할 수도 있다. 예를 들어 낙농용 수소의 경우, 이 수소가 유전적으로 우수한지 파악하는 데 5년 이상 걸리며 실제로 우수한지 확인하는 데는 더 오랜 시간이 소요된다. 여기에 필요한 비용은 3만 달러에 달한다. 그렇다면 축산업자 입장에서 여기까지 확인한 수소의 체세포를 이용해 복제 수소 여러 마리를 만드는 것이 차후 별도로 한 마리의 수소를 선별하는 것보다 경제적이다.

또한 수소는 우수성이 증명되기 전에 곧잘 죽거나, 심각하게 병들거나, 정액의 품질이 떨어지고는 한다. 이런 경우를 대비해 보통 수소 한 마리에 적용되는 보험 비용은 10만 달러에 이른다. 따라서 보험회사로서는 이 비용을 제공하는 일보다 죽기 전의 건강한 체세포나 죽은 후의 체세포를 이용해 복제하는 일이 더 이익일 것이다.

'죽은 소'를 복제한다는 말은 얼핏 낯설게 들릴 수 있다. 하지만 복제 기술이 체세포만 보관돼있으면 새로운 생명체를 얼마든지 생산할 수 있는 기술인 점을 떠올리면 새삼스럽게 다가오지는 않을 것이다. 실제로 2010년 8월 미국의 한 복제 회사는 죽은 소의 체세포를 이용해 복제에 성공했다고 밝혀 세간의 화제를 모았다. 국내에서도 죽은 소를 복제한 사례가 전해졌다. 2010년 6월 제주대학교 줄기세포연구센터 박세필 교수와 벤처 회사 미래생명공학연구소는 2년 전 노령으로 도축된 제주 흑우 씨수소의 체세포를 이용해 복제하는 데 성공했다고 밝혔다. 연구팀은 이 씨수소의 정자 능력이 최우량으로 꼽히기 때문에 추후 제주 흑우의 정액을 좀 더 안정적으로 확보할 수 있을 것으로 기대했다.

거세한 양질의 수소를 복제하는 일도 관심거리이다. 미국 쇠고기의 상당 부분은 인간의 입맛에 맞는 육질을 유지하기 위해 거세한 수소에서 얻고 있다. 그런데 사실 거세한 수소 고기는 직접 먹어보지 않으면 육류의 향, 수분, 질긴 정도, 지방 함량, 기름기 등을 확인할 수 없다. 더욱이 건강 상태, 사료의 효율성, 기타 생산적 특성 등도 개체 평가에 사용된다. 만일 도축된 거세 수소를 현장에서 검사한 후 빠른 시간 내에 그 체세포를 얻어 복제한다면 양질의 수소를 대량으로 얻을 수 있다.

질병에 대해 강한 저항성을 가진 소를 복제하는 일도 경제적으로 이득을 줄 수 있다. 소를 기르는 과정에서 전염병이 돌아 고기나 우유를 제대로 판매하지 못하는 사례가 축산업계에서는 종종 발생하고 있다. 만일 특정 전염병에 잘 견디는 개체를 찾아 이를 복제한다면 전염병으로 인한 손해를 상쇄할 수 있지 않겠는가.

소비자 입장에서 볼 때 복제 동물 또는 그 후손을 이용해 생산한 식품은 기존의 동물 식품에 비해 품질이 향상될 가능성이 있다. GMO에 비유하자면 처음부터 2세대에 돌입한 셈이다. 동물을 복제하는 목적은 우수한 형질을 가진 품종을 생산하는 데 있다. 따라서 복제 동물 식품은 축산업계나 소비자 모두에게 명확한 이익을 제공할 가능성이 있다.

먼저 시장을 열고 있는 복제 동물, 애완동물과 특수 동물

복제 동물의 상용화는 애완용 동물 복제의 등장에서 예견되기 시작했다. 2004년 미국에서 애완 복제 고양이 '니키'가 선을 보이더니 2008년 5월에는 애완 복제견 '미라'가 등장했다. 미라는 황우석 전 서울대학교 교수가 이끄는 수암생명공학연구원이 미국의 생명공학 벤처 회사 바이오아트와 공동으로 만들어낸 작품이어서 국내에서 화제가 되었다.

애완견 복제 분야는 단연 한국이 앞서있다. 2008년 5월 수암생명공학연구원이 만들어낸 미라는 미국 아폴로 그룹 회장인 존 스펄링John Sperling 박사가 텍사스 A&M 대학교에 370만 달러를 기부하며 자신의 애완견 미시를 복제해달라고 요청해 이루어진 프로젝트(일명 미시 프로젝트)의 결과물이다(이후에도 수백만 달러가 더 투입됐다고 한다). 연구팀은 2002년 죽은 미시의 냉동 보관된 체세포를 이용해 복제에 성공했다.

2008년 2월에는 국내 생명공학 벤처 회사 알앤엘바이오가 "한 미국인으로부터 죽은 애완견을 복제해달라는 요청을 받아 계약을 체결했다"고 밝혔다. 알앤엘바이오는 또 "이병천 서울대학교 수의학과 교수팀과 공동 연구를 진행할 계획이며, 15만 달러를 받기로 했다"고 했다.

'복제견 사업'이 과연 경제성이 크겠냐는 의문을 제기하는 사람이 있다. 하지만 많은 수가 아니더라도 애완견을 끔찍이 사랑하는 독지가가 고객이라면 '부르는 게 값'일 수 있다. 또 복제 전문가들 사이에서는 웬만한 장비와 손 기술이 뛰어난 연구원만 갖추고 있으면 복제 비용이 그리 많이 들지 않는다는 말이 나오고 있다. 게다가 개 복제 기술에 대해 특허를 등록한 연구팀이라면 향후 막대한 로열티를 받을 수도 있다.

특수 목적을 위해 만들어진 복제 동물도 등장했다. 2008년 9월 17일 관세청은 투피Toppy라고 이름 지어진 복제 개 일곱 마리가 마약 탐지를 위한 1차 선발 테스트를 성공적으로 통과했다고 밝혔다. 투피는 복제 기술과 훈련 기술을 접목한

'미래Tomorrow의 강아지Puppy'라는 뜻이다. 이들은 관세청에서 마약 탐지 능력이 가장 뛰어난 개를 복제해 태어났다. 관세청에 따르면 이들은 외형이 원래 개와 매우 흡사할 뿐만 아니라 탐지견으로서의 자질이 매우 우수하다고 한다.

실험을 주도한 알앤엘바이오는 마약 탐지견 한 마리를 복제하는 데 1억 5000만 ~2억 원을 받을 계획이라고 밝힌 바 있다. 실제 마약 탐지견 한 마리를 키우는 데 드는 비용은 4000만 원 정도라고 한다. 알앤엘바이오 측은 "선천적으로 후각세포가 우수한 암컷과 수컷 개를 복제해 자연 번식시키면 고부가가치 마약 탐지견을 대량 공급할 수 있다"며 "2001년 미국 9·11 테러 사태 이후 세계적으로 마약 탐지견 수요가 급증해 사업 전망이 좋다"고 말했다. 또 "개를 활용한 폐암 진단의 정확도는 99%까지 보고됐다"며 "마약 탐지견 외에도 암 조기 진단용 개와 시각 및 청각 장애인을 위한 안내견도 복제해 세계시장에 내놓을 예정"이라고 했다.

2009년 6월 미국 캘리포니아 주 과학자들은 2001년 미국 9·11 테러 당시 활약을 펼친 독일산 셰퍼드를 생명 구조견용으로 복제하기도 했다. 체세포를 제공한 '원본'은 9·11 테러 당시 무너진 세계무역센터 건물 잔해 사이에서 살아있던 한 여성을 찾는 데 도움을 줬다.

복제견은 의료 분야에서도 활용될 수 있다. 바로 '질병 모델'을 확보하는 일이다. 인간이 앓고 있는 심장병, 당뇨병, 암 등의 질환을 복제견에게 걸리게 한 후 발병 원인을 조사하는 것은 물론, 신약 후보 물질을 투여해 결과를 지켜볼 수 있다. 복제견 열 마리는 모두 유전자가 동일하므로 유전자가 제각각인 일반 개 열 마리로 검사를 하는 것보다 효과가 높을 것이다.

생명공학 소비시대 알 권리 선택할 권리

66 복제 동물의 살코기와 우유를 먹어도 괜찮다는 정부와 과학계의 발표에 소비자들은 강한 불신감과 불안함을 나타냈다. 한 외신에 따르면 2008년 1월 17일 미국의 소비자연합은 복제 동물의 살코기와 우유에 대한 추적과 표시를 요구했다. 이 단체의 한 과학자는 "미국 식품의약국의 데이터를 볼 때 복제 동물 대부분이 처음 시도에서 태어난 것이 아니고 많은 경우 잉태에 실패하거나 기형 등 결점을 지녔다"며 "소비자는 이런 복제 동물의 살코기와 우유를 먹을 것인지에 대해 선택할 권리가 있다"고 주장했다. **99**

CHAPTER 5

적신호

인체 위해성

정부와 과학계가 안전하다고 발표한다 해도 소비자가 그 말을 그대로 믿지 못할 가능성은 여전히 존재한다. '과학'이라는 이름으로 제시된 결론과 이를 사회에서 긍정적으로 수용하는 과정은 별개의 영역이다.

특히 인체 건강과 직접 관련된 식품 문제는 소비자가 가장 민감하게 반응할 수밖에 없다. 막 태어난 내 아기에게 낯선 복제 소의 살코기로 이유식을 만들고 우유를 주는 일이 불안한 것은 당연하다. 또한 음식을 섭취하는 당사자인 소비자에게 의견을 묻지도 않고 시판을 허용하는 분위기인 데다 표시도 안 한다고 하니 소비자로서는 정부와 과학자들의 결정 과정이 부당하다고 생각할 수 있다.

실제로 외국에서는 복제 동물 식품에 대한 소비자의 우려가 크게 나타나고 있다. 복제 동물은 생성 원리를 볼 때 GMO와 달리 외래 유전자를 삽입하지 않는다는 점은 사실이다. 따라서 외래 유전자로 인한 인체 건강상의 우려가 제기되지는 않는다.

하지만 GMO의 안전성에 대한 문제 제기와 유사하게 안전성을 판단하기 위한 과학적 연구가 충분하지 않다는 점이 지적될 수 있다. 예를 들어 미국 식품의약국의 보고서는 미국 내에서 자란 복제 동물 600마리와 그 후손 수백 마리를 대상으로 한 연구 논문을 검토한 결과물이다. 이 숫자가 안전성 판정을 내리기 위해 충분한 숫자인지 그 근거를 찾기 어렵다. 또한 미국 식품의약국이 연구 논문이라는 '자료'를 검토할 게 아니라 직접 안전성 실험을 수행할 필요가 있다는 문제 제기가 나올 수 있다. 그리고 무엇보다 복제 동물 식품에 대한 장기적인 독성 검사가 수행되지 않았다는 점이 소비자의 우려를 낳을 수 있다. 이 같은 문제의식은 흔히 복제 동물 자체의 건강이 일반 동물보다 상당히 좋지 않다는 사실을 떠올려보면 더욱 강해질 수 있다.

미국과 유럽연합, 그리고 일본은 대체로 복제 동물을 식품으로 사용해도 인체에 해가 없다고 발표했다. 이들 국가에서 작성된 보고서는 '정상적으로' 자라고 있는 복제 동물을 연구한 결과에 근거한다.

하지만 '정상적으로'라는 말은 논란의 여지가 있다. 복제 연구자들은 흔히 '제 수명대로 살고, 특별한 질병이 없고, 생식능력을 갖췄으면' 정상적으로 자란다고 보고 있다. 그러나 몇 세대만을 지켜보고 정상이라 판정한 후 서둘러 상용화를 시도하는 것은 무리라는 비판이 많다. 복제 기술 자체가 불완전하기 때문에 복제 동물의 신체 기능은 현재보다 훨씬 충분한 시간을 갖고 장기적으로 관찰할 필요가 있기 때문이다. 그 이유를 살펴보자.

먼저 복제 양 돌리의 요절 소식. 2003년 2월 14일 돌리를 탄생시킨 영국의 로즐린 연구소는 돌리가 진행성 폐 질환을 앓고 있어 도축했다고 발표했다. 돌리가 태어난 날이 1996년 7월 5일이었으니, 약 6년 반의 생을 산 것이다. 그런데 양의 평균 수명은 10~16년으로 알려져 있다. 그렇다면 돌리는 보통 양에 비해 절반의 삶을 살았을 뿐이다. 돌리는 왜 요절한 것일까.

과학자들은 돌리가 죽기 전까지 비만과 퇴행성 관절염에 시달렸고 결정적으로 폐 질환에 걸렸다는 점에 주목했다. 모두 노화로 인해 발생하는 자연적인 징후이기도 하기 때문이다. 즉 돌리가 한창 때 조로早老증에 걸린 것은 아닐까 하는 의심이다.

사실 돌리의 몸이 동갑 양들에 비해 많이 노화됐을지도 모른다는 가능성은 전부터 제기돼왔다. 1999년 5월 27일 자 〈네이처〉에 돌리는 세포 노화의 척도로 알려진 염색체 말단 부위인 텔로미어telomere가 정상이 아니라는 논문이 실렸다. 이 내용을 발표한 연구자 중에는 돌리를 탄생시킨 주인공인 영국 로즐린 연구소의 윌멋 박사가 포함돼있었다.

한편에서는 태어난 지 3년 된 돌리가 6세의 어미로부터 체세포를 받았기 때문에 실제 돌리의 나이는 9세이지 않겠냐는 해석도 나왔다. 하지만 다른 한편에서는 이번 발표로 돌리가 조로 증세를 보인다고 판단하기에는 무리가 있다는 의견이 제기됐다. 과연 돌리의 생체 시계는 몇 시를 가리키고 있었을까.

돌리가 조로 증세를 보였는지 아닌지는 상당히 중요한 사안이다. 당시 돌리는 많은 과학자 사이에서 한마디로 '장밋빛 미래의 상징'이었기 때문이다. 복제 기술은 우량 가축을 대량으로 생산할 수 있고 멸종 위기에 처한 희귀종을 보존할 수 있는 등 과거에는 상상하기 어려운 일들을 획기적으로 해결해줄 수 있는 열쇠이다. 그러나 만일 돌리의 몸에 이상이 있었다면 복제 동물의 실용화 시기가 예상보다 훨씬 늦춰져야 할 것이다.

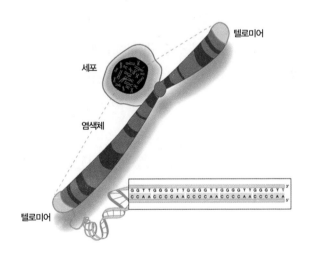

텔로미어는 염색체의 양쪽 끝 부분을 가리키는 용어이다. 세포가 노화할수록 텔로미어의 길이가 짧아진다고 알려져 있다. ⓒ Nobelprize.org

화제의 핵심인 텔로미어의 정체를 살펴보자. 텔로미어란 염색체 양 끝에 존재하는 말단 부위를 뜻한다. 짧은 길이의 유전자 조각이 반복된 구조로 이루어져 있다.

이 단순해 보이는 부위가 세포의 노화와 어떤 관계를 가질까. 세포에게도 태어나서 사멸할 때까지 일생이 있다. 이 기간 동안 세포는 자신의 몸을 수십 회에 걸쳐 분열시킨다. 이 과정에서 유전정보를 담고 있는 염색체는 분열하기 전 두 배로 늘어난다. 그런데 어떤 이유에서인지 염색체가 분열을 거듭할수록, 즉 세포의 노화가 진행될수록 텔로미어의 길이가 짧아진다고 한다.

그렇다면 생식세포인 정자처럼 짧은 시간 내에 무수히 분열하는 경우는 어떨까. 만일 그대로 방치했다가는 텔로미어가 순식간에 짧아지는 탓에 정자의 생명은 그리 오래가지 못할 것이다. 이를 방지하기 위한 장치가 텔로미어를 만드는 효소인 텔로머라아제telomerase이다. 텔로머라아제는 생식기관, 조혈기관, 그리고 피부와 같이 세포 분열이 왕성한 곳에서 활약을 펼쳐 텔로미어가 줄어들지 못하게 만드는 역할을 한다. 따라서 세포에서 텔로머라아제의 활성도가 낮아졌다면 텔로미어의 길이가 짧아졌음을 의미한다.

그동안 텔로미어와 노화의 관계는 주로 곰팡이 같은 미생물 수준에서 활발히 연구돼왔다. 그런데 성균관대학교 생물학과 이한웅 교수가 이 관계를 고등동물에 적용해 연구했다. 이 교수는 1997년 이후 1999년 3월에 이르기까지 과학 전문지 〈네이처〉와 〈셀〉에서 텔로머라아제가 없는 생쥐의 경우 생리 기능에 심상치 않은 이상이 생겼음을 밝혔다. 그는 생쥐에서 텔로머라아제 형성에 관여하는 유전자를 제거한 후 몇 세대에 걸쳐 생쥐의 반응을 살펴보았다. 그러자 생식기관과 조혈기관, 그리고 피부에 이상이 생겼다. 예를 들어 생식기관의 크기가 현저히 줄고 비정상적인 모양이 발생했으며, 6대에 이르렀을 때 아예 생식기능이 사라졌다. 혈액이 만들어지는 능력이나 피부의 상처 회복력 역시 현저히 떨어졌다. 더욱 흥미로운 점은 텔로미어가 좀 더 짧은 생쥐를 대상으로 같은 실험을 실시하자 불과 3대째에서 비슷한 증세가 나타났다는 점이다. 고등동물의 경우에도 텔로미어의 길이가 노화와 강력한 상관관계가 있음을 시사하는 증거였다.

그렇다면 돌리의 텔로미어는 왜 정상보다 짧은 것일까. 사실 이 점은 돌리가 처음 탄생했을 때부터 어느 정도 예견된 것이었다. 돌리에게 유전자를 제공한 어미 양의 나이는 6세였다. 즉 이미 여러 차례 분열을 거친 세포의 유전자로 돌리가 탄생한 것이다. 정자와 난자가 만나 만든 수정란의 유전자를 원본이라 본다면, 6세의 어미 양에게서 얻은 유전자는 수정란 유전자의 복사본에 해당한다. 원본보다 복사본에 흠집이 있으리라는 점은 누구나 짐작할 수 있다.

하지만 이런 분자 수준의 흠집이 한 개체가 비정상적으로 노령화됐음을 알리는 직접적인 증거는 아니다. 여러 복제 연구자들은 "돌리의 생식능력이나 전반적인 건강 상태를 볼 때 돌리는 젊은 양으로 판단된다"고 말했다. 양의 나이를 측정하는 외양적인 지표인 치아의 마모도, 뿔과 발굽에 나타나는 나이테 등을 살펴보면 같은 또래의 양과 다를 게 없다는 점이 확인됐다는 것이다. 텔로미어와 같은 분자생물학적 수준의 연령을 곧바로 실제 생물학적 나이로 연결하는 것은 무리라는 주장이다.

이한웅 교수 역시 비슷한 의견을 제시했다. 텔로미어의 길이와 노화가 상관관계를 가지는 것은 사실이지만, 그 길이의 변화가 반드시 몸 전체를 노화시키는 원인이라고 단언하기 어렵다는 설명이다. 더욱이 이 교수의 실험 대상은 생쥐였기 때문에 돌리와 같은 양도 그런 결과가 나올지 확언할 수 없는 게 사실이다.

흥미롭게도 돌리의 텔로미어에 관한 논문이 나온 이후 정반대, 즉 복제 동물의 경우 텔로미어가 오히려 길어진 사례도 있다는 점이 밝혀졌다. 2000년 4월 28일 자 〈사이언스〉에는 복제 동물의 텔로미어가 정상인 동물보다 오히려 길다는 연구 결과가 게재돼 주목을 끌었다. 연구를 이끈 미국의 ACTAdvanced Cell Technology 사의 로버트 란자Robert Lanza 박사는 1,900개의 복제 소 수정란을 만들어 이 가운데 여섯 마리를 출생시키는 데 성공했다. 그런데 이들의 텔로미어가 같은 나이의 소보다 길었으며, 금방 태어난 송아지보다 긴 개체도 있었다고 주장했다.

같은 해 미국 코네티컷 대학교의 제리 양Jerry Yang 교수 역시 5~6세의 성숙한 복제 소의 텔로미어가 2,000~5,000개 염기쌍 정도 늘어났다는 사실을 알아냈다. 또 2001년 일본의 한 연구진은 5~6세 성숙한 소의 피부 세포를 통해 복제한 소는 텔로미어의 길이가 증가되지만 다른 세포로 복제된 소들은 약간 짧아진다는 연구 결과를 얻었다.

이처럼 복제 동물의 텔로미어 길이에 대해서는 정확히 단언할 수 없는 상황이다. 다만 경우에 따라 텔로미어가 길어졌다 짧아졌다 한다는 내용을 볼 때 복제 기술이 그만큼 불완전하다는 점만은 분명하다. 과학자들이 몇 가지 가설을 제시하고는 있지만 누구도 자신 있게 주장하지는 못하고 있다.

이제 복제 동물의 신체 기능에 대해 살펴보자. 복제 동물은 실험 과정에서 '정상적으로' 보이는 사례보다 '비정상적으로' 드러나는 경우가 더 많다. 동물 복제의 성공률이 매우 낮다는 사실이 이를 확인해준다. 체세포를 핵이 제거된 난자와 융합해 복제 수정란을 만드는 작업은 결코 만만치 않다.

복제 수정란에서 출생까지 성공한 비율이 10%라는 말은 곧 임신 중 유산율이 90%임을 의미한다. 무사히 출산됐다 해도 과체중거대자손신드롬, Large Offspring Syndrome이나 폐 기능 이상에 따른 호흡곤란, 심지어 주요 장기가 없는 기형 등으로 30~70%는 출생한 지 일주일 이내에 죽는다는 보고가 있다.

1999년 4월 프랑스 과학자들은 성장한 암소의 체세포에서 복제한 송아지가 외양상 건강한 것으로 보였지만 빈혈증으로 인해 태어난 지 7주 만에 죽었다고 전했다. 연구진은 문제의 송아지 사망 원인이 암소가 태어난 후 면역 체계의 정상적인 발달이 이루어지지 않은 데 있었다고 밝혔다. 이 연구 결과는 전문 학술지 〈랜싯〉에 발표됐다. 연구팀에 따르면, 이번 연구는 체세포 복제로 인해 유발되는 장기적인 결함을 발견한 것으로는 최초의 연구 업적이라고 한다.

당시 돌리를 만들어낸 영국 로즐린 연구소의 학자들은 프랑스 학자들의 연구 결과가 복제 동물을 가장 자세히 연구한 업적이라고 평가했다. 연구소의 부소장 해리 그리핀Harry Griffin은 "이 연구 결과는 복제 기술이 불완전하다는 중요한 증거를 제시한 것"이라고 밝혔다.

복제 동물이 정상 동물보다 일찍 죽는 한 가지 원인이 국내 연구진에 의해 밝혀지기도 했다. 2007년 4월 경상대학교 동물자원과학부 김진회 교수팀은 한양대학교 의과대학, 한국생명공학연구원 등과 공동으로 조기에 사망한 복제 돼지 28마리를 조사한 결과 심장 기능 이상이 가장 근원적인 사인이라는 사실을 규명했다고 발표했다. 이 연구는 농촌진흥청 지원으로 이뤄졌으며 전문학술지 〈프로테오믹스Proteomics〉 5월 호의 표지 기사로 소개됐다.

연구진은 사망 당시 수막염, 간과 폐 울혈, 관절 이상에 의한 기립 불능 등의 증세를 보이던 복제 돼지 28마리의 조직을 검사했다. 그 결과 심장이 제 기능을 발휘하지 못해 말초 조직에 혈액이 제대로 공급되지 않은 것이 가장 중요한 사인이라는 점을 밝혔다. 또 이들 돼지 조직에서 정상 돼지보다 과도하게 많거나 적게 만들어지는 단백질 열여섯 개를 찾아내는 데도 성공했다.

질병의 징후는 아니어도 전혀 예측 불허의 외모를 지니고 태어나 과학자들을 당황스럽게 만드는 경우도 있다. 2003년 3월 김진회 교수는 복제 돼지 한 마리가 부모와는 전혀 다른 색깔로 변색해버린 사실을 알렸다. 이 돼지는 처음에는 2002년 8월 함께 태어난 네 마리처럼 털이 암적색, 피부가 흑색이었다. 그런데 생후 3개월부터 피부와 털의 색깔이 바뀌더니 4개월째 들어서는 완전히 흰색으로 변했다는 것이다. 이 돼지에 체세포와 난자를 제공한 돼지는 모두 털은 적색, 피부는 흑색이었다.

그렇다면 이 돼지는 돌연변이체일까. 김 교수는 "피부와 털에 관여하는 유전자는 정상이어서 돌연변이와는 다른 현상"이라며 "만일 변색이 노화나 스트레스에 의한 것이라면 이들 연구에 큰 도움이 될 것"이라고 설명했다. 이제껏 세계적으로 복제 돼지는 물론 일반 돼지의 경우에도 피부와 털의 색깔이 완전히 변했다는 보고는 한 번도 없었다.

2000년 말 미국 텍사스 A&M 대학교 연구팀이 탄생시킨 최초 복제 고양이 '시시'도 유사한 사례이다. 체세포를 제공한 어미는 흰색 바탕에 갈색과 금색 얼룩인 반면, 시시는 흰색 바탕에 회색 줄무늬를 가졌다.

한편 한국 소비자 입장에서 볼 때 미국, 유럽연합, 일본의 보고서에서 빠진 부분이 있다. 모두 복제 동물의 살코기와 우유에 대한 안전성을 판정했을 뿐이다. 그런데 한국인은 동물을 섭취할 때 살코기와 우유만을 먹지 않는다. 소의 경우 내장과 골육이 한국인의 식단에 오르고 있다. 하지만 2009년 5월 현재 복제 동물의 내장과 골육 같은 부산물의 성분 조사와 이를 이용한 식이실험은 전무하다(최농훈, 2009).

동물 복제 자체에
대한 거부감

2009년 5월 미국 농무부는 복제 동물 유래 식품이 얼마나 시장성이 있는지를 예측한 보고서를 발간했다(Golan, E. et. al, 2009). 보고서는 미국 식품의약국의 안전성 판정을 전후해 복제 동물 유래 식품에 대한 미국 내 일반 소비자의 반응을 조사한 결과들을 비교해 정리했다. 미국 식품의약국의 안전성 판정 이전과 이후 미국 소비자들의 수용성은 별반 다르지 않게 나타났다. 전반적으로 수용성이 낮았다.

보통 새로운 기술에 대한 소비자들의 구매 의사를 조사하면 대략 찬성, 중립, 반대가 3분의 1씩으로 비슷하게 나타난다. 복제 동물 유래 식품의 경우도 비슷했다. 2005년의 한 조사에 따르면 복제 동물 후손에서 유래한 살코기와 우유를 구매할 의사가 있느냐는 질문에 대해 3분의 1이 그렇다, 3분의 1이 절대 구매하지 않겠다, 그리고 나머지 3분의 1은 좀 더 정보를 얻은 후 판단하겠다는 중립의 입장을 취했다.

미국 식품의약국의 안전성 공표 이후에도 비슷한 상황이었다. 보고서는 2008년 여름 무작위로 추출한 미국인 2,256명을 대상으로 한 오클라호마 주립대학교 제이슨 러스크Jayson Lusk 교수의 조사 결과를 인용하며 동물 복제에 대한 미국 사회의 수용성을 소개했다. 미국인의 34%는 동물 복제를 수용할 수 없다, 32%는 수용 가능하다, 그리고 34%는 중립의 입장을 표했다. 복제 동물 자체 또는 그 후손으로부터 얻은 살코기와 우유를 섭취할 의사가 있느냐는 질문에 대해서도 비슷한 입장이 드러났다(물론 보고서는 소비자의 의사와 실제 구매 행동이 항상 직접 연관되지 않는다는 점을 지적하고 있다).

다소 미미한 값이기는 하지만 미국인의 수용성이 점차 증가하고 있다는 보고도 나오고는 있다. 예를 들어 미국 국제식품정보위원회IFIC, International Food Information Council는 2008년 미국 성인 1,000명을 대상으로 설문 조사를 벌인 결과, 복제에 대해 비호의적 인상을 받은 비율이 2005년 58%에서 45%로 감소했으며, 복제 동물의 후손에서 얻은 고기, 우유, 달걀 등을 구매할 의사는 2005년 36%에서 48%로 증가했다고 밝혔다.

미국에 비해 유럽연합에서는 반대 의사가 좀 더 강하게 나타나는 것 같다. 2008년 10월 유럽연합 소속 27개국 15세 이상 2만 5,000명을 대상으로 전화 및 직접 인터뷰를 실시한 결과, 복제 동물 및 그 후손으로부터 생산한 고기 및 우유에 대해 11%가 섭취할 의사를 밝혔고 42%는 절대 섭취하지 않겠다고 응답했다(최농훈, 2009: 79).

일본의 경우 소비자의 시각은 상당히 부정적으로 드러나는 듯하다. 2007년 1월, 지난주에 쇠고기를 산 경험이 있는 18세 이상의 도쿄 소비자 611명을 대상으로 온라인 설문을 실시한 결과 80% 이상이 복제 쇠고기에 대해 매우 또는 다소 불편하다고 반응했다(Aizaki. H. et. al, 2011: 462).

외국에서 소비자를 대상으로 복제 동물 식품에 대해 진행된 설문 결과를 보면 소비자의 거부감은 다른 이유를 떠나 복제 기술 자체에 대해 강하게 형성되는 것으로 보인다. 예를 들어 아이자키 등(Aizaki. H. et. al, 2011)에 따르면 일본의 소비자는 복제의 두 가지 방식, 즉 전통적인 수정란 복제와 1996년 돌리를 생산한 체세포 복제를 구분하지 않고 복제에 대한 전반적인 반감 때문에 두 방식을 모두 거부하고 있는 것으로 나타났다.

수정란 복제는 이미 수정을 마친 배아 하나를 떼어내 새로운 개체로 만들어내는 전통적인 복제이다. 일본에서 수정란 복제 소는 1990년 처음 탄생했으며, 2010년까지 728마리가 생산됐다. 이 가운데 329마리가 식용으로 소비됐는데, 이는 매년 일본 전체에서 식용으로 도축되는 100만 마리에 비하면 미미한 양이었다.

연구진은 체세포 복제가 향후 실질적인 식용 소를 만드는 데 핵심적인 방식이기 때문에 이 같은 구분이 매우 중요하지만, 이 중요성은 소비자에게 제대로 전달되지 않을 수 있다는 점을 지적했다. 연구진은 소비자에게 이 두 가지 방식의 차이점을 알리기 위해 사전에 그림과 함께 〈표 4〉와 같은 내용을 제시했다.

〈표 4〉 복제 동물 식품의 소비자 수용성 설문을 위해 제시된 복제 기술에 대한 사전 정보

분류	내용
적용 기술	· 복제 소는 '핵 이전nuclear transfer' 기술을 이용해 생산 · 체세포 핵을 암소 난자에 이전하는데 난자는 핵이 제거된 상태 · 전기 충격을 가해 융합시키고 대리모 소에 이식 · 복제 소는 정상 기간 거쳐 생산
복제 종류	• 수정란 복제 · 16세포기~32세포기 수정란에서 하나 분리 · 수정란에는 수컷 유전자도 포함돼있기 때문에, 수정란 제공 소와 복제 소의 유전자는 동일하지 않음(수정란과 동일) • 체세포 복제 · 귀, 피부, 근육 등 몸의 세포 분리 · 체세포 제공 소와 복제 소의 유전자 동일
효용성	· 고품질 가축 생산에 효율적인 방법 · 멸종 위기 동물 보호 · 유전자 변형과 결합해 유용한 의학 물질 개발 가능

(Aizaki. H. et. al, 2011) 부록 참조.

조사 결과 응답자들은 사전 정보를 제공하기 전 수정란 복제로 태어난 쇠고기 섭취에 대해 80% 이상이 매우 불편하다고 답했으며, 이 비율은 체세포 복제로 태어난 경우와 유사하게 나타났다. 또한 사전 정보를 제공한 후에도 응답자의 80% 정도가 이와 비슷한 답변을 했다. 정보의 제

공과 무관하게 소비자는 복제 기술 자체에 대해 거부감을 갖고 있다는 점이 확인된 것이다.

그렇다면 소비자는 어떤 이유에서 복제 기술 자체에 대해 우려감을 표시하고 있을까. 브룩스와 러스크는 2011년 미국 내 2,256명의 소비자를 대상으로 복제 동물 식품에 대한 온라인 설문을 수행했다. 그 결과 복제 동물 식품에 대해 거부감을 드러낸 소비자들은 복제 기술 자체의 비자연성, 그리고 인간 복제 가능성에 대해 가장 크게 우려했다는 점이 발견됐다. 즉 복제 동물 식품의 안전성도 중요하지만, 굳이 육류 섭취를 위해 자연의 섭리에 어긋나는 복제를 할 필요가 없다는 의식, 그리고 동물 복제 기술이 발달하면 결국 인간 복제까지 나아갈 것이라는 우려감이 복제 동물 식품에 대한 거부감으로 이어질 수 있다는 점을 알려준다.

이 설문 결과에서 또 한 가지 거부감의 원인으로 생물 다양성의 감소가 지목됐다. 실제로 복제 동물을 대량 생산했을 때 발생할 수 있는 문제가 유전자 다양성genetic diversity이 감소할 가능성이다(Butler, L. J. & M. M. Wolf, 2010: 196). 많은 학자는 복제가 유전자 다양성을 감소시켜 생식력과 질병 저항성에 문제가 생길 수 있다고 우려하고 있다.

예를 들어 우량 소와 돼지를 복제해 농가에 보급한다고 해보자. 당장은 맛 좋고 영양가 높은 우량종이 농민이나 소비자에게 인기를 끌지 모른다. 그러나 머지않아 전국에 우량종만이 생존하고 있을 상황을 가정해보자. 각 우량종은 동일한 유전자를 지닌 쌍둥이이기 때문에 종의 다양성은 상당히 한정될 것이다. 만일 젖소 한 종에 치명적인 질병이라도 발생한다면 전국의 모든 젖소 중에서 살아남는 것은 하나도 없게 된다. 더러

| 영화 〈쥬라기 공원〉의 한 장면.

는 유전적으로 차이가 있어 웬만한 질병에도 견디는 개체가 있어야 종의 생존을 유지할 수 있다.

복제 기술의 유용성을 주장하는 사람들은 유전자 다양성의 감소가 문제이기는 하지만 복제를 통해 이미 멸종됐거나 멸종 위기에 처한 동물을 되살려낼 수 있어 한편으로는 생태계를 '복원'할 수 있다는 점을 강조하고는 한다. 영화 〈쥬라기 공원〉에서처럼 수천만 년 전 호박에 갇힌 모기 속에서 공룡의 유전자를 얻어 공룡을 부활시키는 일이 현실에서 벌어질 수 있다는 의미이다.

실제로 2012년에 황우석 전 서울대학교 교수가 매머드를 복제하기 위해 연구를 시도하고 있다는 소식이 매스컴을 통해 전해져 화제를 낳았다. 시베리아 동토에서는 아직 썩지 않은 매머드 시체가 발견되기 때문에 여기서 얻은 세포를 이용해 매머드를 부활시킬 수 있다는 발상이다.

멸종한 동물까지는 아니어도 과거 국내에서는 멸종 위기에 처한 동물

생명공학 소비시대 알 권리 선택할 권리

을 복제하려는 시도가 있었다. 1999년 12월 말경 황우석 전 서울대학교 교수가 백두산 호랑이를 복제해 2000년 중에 태어나게 하겠다고 밝힌 일이었다.

백두산 호랑이는 남한에서는 멸종된 것으로 추정되며 북한에서도 중국 접경 고산지대에 몇 마리만 남아있는 것으로 알려져 있다. 국내에는 2011년 기준 용인 에버랜드 등에 45마리의 백두산 호랑이가 있지만 그나마 모두 일제강점기에 생포돼 미국으로 수출됐다가 번식 후 다시 우리나라에 들여온 것이다.

복제 호랑이의 탄생 과정은 돌리의 탄생 과정과 비슷하다. 정자와 난자의 만남이 아니라 핵이 제거된 빈 난자에 체세포를 융합한 후 키워내는 방식이다. 황우석 전 교수는 용인 에버랜드에서 사육되고 있는 백두산 호랑이로부터 체세포(귀의 피부 세포)를 얻어 복제 수정란을 얻는 데 성공했다고 한다.

그런데 빈 난자를 제공한 동물은 호랑이가 아니라 소였다. 당시 황우석 전 교수는 "호랑이 암컷으로부터 난자를 얻는 일이 무척 어렵기 때문에 상대적으로 수가 많이 확보된 소의 난자를 사용했다"고 밝혔다.

난자를 얻기 위해서는 불가피하게 개복 수술을 해야 한다. 수가 얼마 남지 않은 호랑이에게 칼을 댈 수는 없는 노릇이다. 또 수술 후 호랑이가 상처 부위를 긁어대 내장이 배출될 위험이 크다. 이런 상황에서 실험에 필요한 수천 개의 호랑이 난자를 얻기는 불가능하다.

그렇다면 소의 난자가 호랑이에게 나쁜 영향을 끼치지 않을까. "혹시 영향이 있다 해도 호랑이가 젖을 만드는 능력이 떨어지는 정도에 불과하다"는 것이 황우석 전 교수의 설명이었다.

당시 냉동 보관 중인 '복제 수정란'은 백두산 호랑이의 발정기인 4월에 맞춰 암컷 자궁에 이식될 예정이었다. 임신 기간이 4개월 정도여서 빠르면 2000년 가을 복제 호랑이가 등장할지도 몰랐다.

물론 어려움이 많았다. 백두산 호랑이의 '복제 수정란'을 자궁에 이식하는 시점은 발정이 끝난 후 7일째 되는 날이다. 이날을 정확히 맞춰 자궁 깊숙이 '복제 수정란'을 집어넣어야 성공률이 높아진다. 이런 여러 가지 어려움 때문에 세계적으로 야생 육식동물인 호랑이를 복제하는 데 성공한 나라는 아직 없다.

황우석 전 교수의 복제 호랑이 프로젝트 역시 실패로 끝났다. 2000년 10월 2일 황우석 전 교수와 서울대공원 야생동물보존센터, 중문의대(현 CHA 의과학대학교) 차병원 불임센터, 용인 에버랜드 동물원은 "호랑이 복제를 시도했으나 실패했다"고 발표했다. 이들은 "에버랜드에서 사육 중인 벵골 호랑이와 북한에서 들여온 암컷 호랑이(이름 랑림)의 귀에서 체세포를 떼어내 이를 핵을 제거한 소의 난자와 전기·화학적 방법으로 융합해 복제 배아를 만들어 지난 4~5월 서울대공원에서 사육 중인 호랑이와 사자 대리모에 이식했다"고 밝혔다.

이식된 복제 수정란들은 대부분은 임신 중반기에 유산됐다. 그러나 북한산 호랑이의 체세포를 이식한 처녀 사자 대리모 한 마리에서 임신 후반기의 특징인 유방 발육 등이 확인돼 그해 안에 복제 호랑이가 탄생할 것으로 기대됐으나 발표 2주 전 유산되고 말았다.

당시 황우석 전 교수는 "비록 실패했지만, 이종 간 임신은 세계 최초이고 복제가 종의 장벽을 뛰어넘을 수 있음을 보여주었다"며 "축적된 기술을 바탕으로 내년에는 대리모의 숫자를 늘리고 호르몬제를 투여하는 등 방법을 보완해 다시 시도하겠다"고 말했다.

또 황우석 전 교수는 "이종 동물 간 체세포 복제 연구가 성공하면 이미 멸종 위기에 처한 동물의 보존에 크게 기여할 수 있을 것"이라고 말하며 "생명 복제 연구가 질병 치료와 농축산 발전은 물론 멸종 위기의 동물 보존에도 기여할 수 있다는 것을 보여주고 싶어 이 연구를 하게 됐다"고 설명했다.

그런데 암소의 난자를 이용해 태어날 백두산 호랑이의 몸은 과연 정상일까. 속이 빈 난자의 역할은 일종의 인큐베이터와 같다. 즉 백두산 호랑이의 귀 세포를 받아들여 정상적인 수정란처럼 분열되도록 만드는 환경을 제공한다. 그런데 문제가 있다. '속이 비었다'는 말은 난자의 핵이 제거됐다는 의미이다. 핵에는 유전자가 포함돼있다.

하지만 난자의 유전자는 핵에만 존재하는 것이 아니다. 핵 바깥의 세포질에 존재하는 미토콘드리아라는 소기관에도 미미한 양(전체의 1% 정도)이지만 유전자가 존재한다. 미토콘드리아는 세포의 활동에 필요한 에너지를 만들어내기 때문에 '세포내 공장'이라고 불린다.

그렇다면 속이 빈 난자에 암소의 미토콘드리아 유전자가 존재한다는 뜻이다. 이 유전자가 백두산 호랑이의 발생 과정에서 섞여 들어가 어떤 영향을 미치지는 않을까.

돌리의 경우 유전자 성분을 조사한 결과 미토콘드리아 유전자가 체세포를 제공한 어미 양과 다르다는 점이 밝혀진 바 있다. 엄밀히 말해 돌리가 어미 양과 유전적으로 100% 동일하지 않다는 의미이다. 미국 콜롬비아 대학교의 에릭 숀Eric Schon 박사와 돌리를 탄생시킨 윌멋 박사가 포함된 공동 연구진이 〈네이처 제네틱스Nature Genetics〉에 발표한 논문에서 밝혀진 내용이다. 속이 빈 난자의 미토콘드리아 유전자가 돌리에게 전달된 것이다. 그렇다면 백두산 호랑이의 경우 암소의 미토콘드리아 유전자가 개입할 가능성이 크다.

미토콘드리아 유전자는 복제 동물에 어떤 영향을 줄 것인가. 현재로서는 이 질문에 대한 속 시원한 답이 없다.

백두산 호랑이를 생태계에 풀어놓는 일도 신중히 생각해야 한다. 이미 백두산 호랑이가 사라진 지 수십 년이 지난 생태계에서 백두산 호랑이의 등장은 또 하나의 새로운 '이물질'일 수밖에 없기 때문이다. 기존의 생태계를 어떻게 교란시킬지 예측하기 어렵다.

우리의 일상에 친숙한 고양이를 예로 들면 좀 더 실감이 나는 이야기이다(이미 미국에서는 고양이를 복제해주는 생명공학 벤처 회사가 등장했다). 복제 고양이가 야생에 버려진다면 어떤 일이 벌어질까. 한 예로 미국 캘리포니아 주에는 매년 수만 마리의 고양이가 버려져 거리를 떠돌고 있다. 만일 복제 고양이가 이들과 교배를 한다면 이전에는 존재하지 않던 '신종 고양이'가 생기지 않겠는가. 더욱이 이 복제 고양이가 겉은 멀쩡한데 장기에 유전 결함을 가진 개체라면?

복제 인간 찬반 논란

복제 양 돌리가 등장한 이후 잊을 만하면 들리는 이야기가 복제 인간의 탄생이 임박했다는 소식이다. 2009년 4월 주요 외신들은 미국의 불임 전문가 파니요티스 자보스가 복제 인간을 곧 등장시키겠다고 주장했다는 소식을 전했다. 인간 복제 배아 열네 개를 만들고 그중 열한 개를 네 명의 여성 자궁에 넣었다고 했다. 자보스는 "아무도 임신에 성공하지는 못했지만 복제 인간을 만드는 과정의 '제1장'이다"며 "모든 노력을 기울이면 1~2년 안에 복제 아기가 탄생할 것"이라고 말했다. 그는 또 "미국에서 교통사고로 사망한 10세 여자아이를 포함해 세 명의 사체에서 세포를 얻어 복제 배아를 만들어놓은 상태"라고도 했다.

이번 시도는 미국과 영국 국적의 부부 세 쌍과 독신 여성 한 명의 피부 세포를 이용한 것으로 전해졌다. 또 복제 배아를 인간 자궁에 넣는 일을 금지하지 않은 중동의 비밀 실험실에서 연구가 이뤄진 것으로 추정됐다.

2009년 3월에는 이미 복제 인간이 태어났다는 주장도 나왔다. 이탈리아 산부인과 의사 세베리노 안티노리가 한 외신과의 인터뷰에서 "2000년 동유럽에서 남자아이 두 명과 여자아이 한 명을 출생시켰으며 현재 아무 문제 없이 잘 자라고 있다"고 말했다.

복제 인간이 탄생했다는 최초의 소식은 2002년 12월 27일에 들렸다. 미국 종교단체 라엘리안 무브먼트 산하 클로네이드 사는 미국 플로리다 주 마이애미에서 가진 기자회견에서 "복제 기술로 임신된 아기가 26일 오전 제왕절개수술을 통해 3.2kg의 건강한 몸으로 태어났다"고 주장했다. 아기의 이름은 '이브'. 성서에 나온 최초의 여성 이름을 따서 붙였다. 하지만 이 아이의 얼굴은 전혀 공개되지 않았고, 실제로 복제 인간인지 입증할 수 있는 DNA 자료도 제시되지 않아 일각에서는 클로네이드 사의 근거 없는 선전에 불과하다는 해석이 나왔다.

복제 인간 소식이 들릴 때마다 세간의 관심은 크게 두 가지 사안에 몰리고 있다. 기술적 가능성과 윤리 문제이다.

아놀드 슈왈츠네거

당신을 닮은 눈의 공격이 시작됐다

6번째 날
THE 6TH DAY

복제 인간 이야기를 다룬 영화,
〈6번째 날〉.

먼저 기술적 가능성이란 '과연 현재 복제 기술로 사람을 탄생시킬 수 있느냐'에 관한 이야기이다. 복제 인간을 시도했거나 만들었다고 주장하는 연구자들이 '과학적 증거'를 공개적으로 제시한 적이 없기 때문에 누구라도 기술적 가능성을 단언하기 어렵다. 하지만 그동안의 복제 기술을 살펴보면 어렴풋이나마 그 답을 짐작할 수 있을 듯하다. 인간 복제는 기술적으로 불가능하지 않을 것이라는 의미이다.

"복제에 성공하는 종種이 많아질수록 모든 포유동물을 복제할 수 있을 것이라는 생각이 확실해진다. 인간을 포함해서."

2005년 8월 황우석 전 서울대학교 교수와 공동 연구 협의차 방한한 '동물 복제의 대가' 이언 윌멋이 AP 통신과의 인터뷰에서 꺼낸 말이다. 황우석 전 교수 연구팀이 세계 최초로 개 복제에 성공한 성과를 영국의 〈네이처〉에 게재한 것에 대한 코멘트였다. 복제 양 돌리를 만든 윌멋이 '인간 복제의 가능성'을 언급한 것은 무슨 의미일까.

그동안 과학자들이 인간 복제가 기술적으로 불가능하다고 판단한 주요 근거의 하나는 인간과 가까운 영장류인 원숭이를 복제하지 못했기 때문이었다. 하지만 인간까지는 아니더라도 최소한 원숭이 복제는 기술적으로 가능하다는 의견이 적지 않다.

원숭이 복제는 왜 어려울까. 먼저 충분한 수의 난자를 구하기가 쉽지 않다. 원숭이 암컷은 1년에 불과 4개월 정도만 발정기에 이르며, 사람처럼 한 달에 한 개의 난자를 배출하기 때문에 실험에 필요한 난자 수가 부족하다. 더욱이 인간처럼 과배란을 유도할 수 있는 방법도 개발되지 않았다.

하지만 원숭이가 많이 확보돼있다면 이야기는 달라진다. 미국에서는 실험용 원숭이 수천 마리를 보유한 영장류 연구 센터가 여섯 군데 이상 있으며, 복제된 배아를 이미 상당수 만들어 원숭이 복제를 시도하고 있다고 알려졌다. 실제로 2004년 10월 미국 피츠버그 대학교 제럴드 섀튼 교수는 황우석 진 교수의 도움으로 원숭이의 복제 배아 135개를 얻는 데 성공했다고 밝혔다.

원숭이 난자는 일단 확보만 되면 복제해 배아를 만들기까지의 과정이 다른 동물보다 쉽다는 견해도 있다. 예를 들어 개와 여우는 특이하게 난소에서 배출된 난자가 미성숙 상태이다. 따라서 황우석 전 교수는 개 복제를 할 때 난소와 자궁을 잇는 난관卵管에서 어렵사리 성숙된 난자를 찾아냈다. 이에 비해 원숭이는 간단히 난소를 해부하면 필요한 난자를 얻을 수 있다.

원숭이는 난자의 생김새도 실험에 용이한 형태이다. 개나 돼지는 난자에 지방질이 많이 함유돼있어 현미경으로 보면 전체적으로 새까맣다. 복제를 위해서는 난자에서 핵을 제거해야 하는데 어디에 핵이 있는지 찾기 어려워서 특수 염색이 필요하다. 이에 비해 원숭이 난자는 현미경에서 핵의 모습이 뚜렷하게 관찰된다.

남은 문제는 대리모 자궁에 복제 배아를 착상시키는 일. 그런데 이 작업이 만만치 않다. 2004년 섀튼 교수팀은 원숭이 복제 배아를 대리모 자궁에 이식했다. 임신에는 성공했다. 다만 한 달이 지나지 않아 모두 유산됐다. 복제 배아를 만들 때 전기 충격이나 화학적 처리 등이 필요한데 이런 타격 때문에 배아의 상태가 불안정해지는 것으로 추정됐다.

그러나 세계적으로 실험 횟수가 증가한다면 원숭이 복제는 조만간 실현되리라는 게 관련 학계의 중평이다. 개 복제 연구를 이끈 이병천 서울대학교 수의대 교수도 "개와 원숭이의 복제 난이도는 레슬링과 권투 중 어느 게 세냐는 말로 비유할 수 있다"고 말했다. 개 복제에 성공한 만큼 원숭이 복제도 어렵지 않을 것이라는 해석이 가능한 대목이다.

지금까지 복제 인간의 탄생을 주장해온 여러 과학자는 불임 클리닉이나 산부인과 소속이었다. 즉 인간 복제를 시도한 주요 이유는 불임 부부의 고통을 해결하는 데 있었다. 과연 불임 부부의 체세포로 자식을 만드는 일이 잘못일까. 또 자식이 뜻하지 않은 사고로 사망했을 때 부모가 자식의 체세포를 이용해 복제하는 행위는 부당한 일일까.

찬성론자들은 복제 아기가 보통의 아기와 다를 바가 없다고 주장한다. 복제 아기는 부모 중 한 사람과 단지 나이 차이 많이 나는 쌍둥이일 뿐이다. 물론 유전자 구조는 99% 이상 같다. 외모도 거의 흡사할 것이다. 그렇다고 해서 성격과 능력, 가치관이 동일하지는 않다. 일란성쌍둥이가 자라난 환경에 따라 판이하게 다른 개성을 보이는 것과 같은 이치이다.

이미 사람들에게 익숙해진 시험관아기는 정자와 난자를 채취해서 인공적으로 수정시킨 생명체인데, 이 아기가 어른 몸에서 떼어낸 세포로 탄생한 아기와 무엇이 다를까. 성인의 체세포는 어차피 정자와 난자가 수정한 결과물이 아닌가.

찬성론자들은 또 복제 인간에 대한 잘못된 편견을 지적한다. 무엇보다 복제 인간을 마치 넋 나간 기계적 냉혈한으로 연상하는 일이 문제이다. 복제 인간은 출생 과정만 다를 뿐 바로 우리 자신과 같은 인간이다. 10개월 동안 어머니 몸에서 길러지고, 따뜻한 가족의 품에서 자라난다.

생명체를 탄생시킬 수 있는 권한이 누구에게 있는가도 논란거리이다. 미국 텍사스 대학교 법학과 교수인 존 로버트슨John Robertson은 미국 생물윤리학위원회에서 "임신에 복제가 필수적이라면 아이를 가질 수 있는 기본권이 있는 한, 미국 법률에 따라 부부들은 복제 기술을 이용할 법적인 권리가 있다"고 주장한 바 있다.

찬성론자들은 전반적으로 인간 복제의 혜택이 과소평가된 반면 위험성은 과대평가돼있다고 주장한다. 1997년 영국 생물윤리학 너필드 상담소의 비서인 데이비드 샤피로는 "윤리적인 관점에서 볼 때 복제 기술은 사실 이미 수용된 여러 가지 의학적인 기술들과 특별히 다를 것도 없다"고 말했다. 로버트슨은 한 생물윤리회의에서 "초반의 저항적인 태도들이 이제 임신할 수 없는 부부들과 다른 곳에서 인간 복제 기술로부터 여러 가지 혜택을 얻을 수 있다는 인식 태도로 바뀌어가고 있다"고 설명했다. 그는 또 "복제 기술로부터 예상되는 문제점들이 너무

모호하고 추상적이어서 복제에 대한 연구나 이용 가능성을 전면적으로 금지하는 것을 정당화할 수 없다"고 했다.

인간 복제를 반대하는 가장 큰 이유는 인간이 자연의 섭리를 벗어난 방법으로 '새로운 종류'의 인간을 만들어내려는 시도이기 때문이다. 정자와 난자의 만남이 아니라 체세포와 핵이 제거된 난자의 융합으로 생명체를 만들어내는 행위는 상식적인 윤리 의식으로 받아들이기 어렵다. 특히 종교계는 사람이 사람을 탄생시키는 일을 신의 권위에 도전하는 행위로 보고 강력하게 반발하고 있다.

과학자들은 복제 기술이 아직 불완전하다는 점을 강조한다. 돌리가 탄생하기까지 270여 회의 실험이 반복됐다. 많은 미숙아가 실험실에서 죽어갔다. 이런 불확실한 기술을 사람에게 적용한다면 얼마나 많은 생명체가 '폐기 처분'될까.

인간 복제가 어떤 목적으로 사용될지 전혀 예측이 어렵기도 하다. 예를 들어 자식의 장기에 이상이 생길 것에 대비해 미리 자식의 체세포로 장기이식용 복제 인간을 만들어놓는다면? 또 신약품의 효능을 테스트할 '실험동물'로 사용하기 위해 복제 인간이 이용될 가능성은 없을까. 범죄를 목적으로 특정 인물을 복제하는 일이 영화가 아니라 현실에서 벌어진다면 어떨까.

한편 이처럼 사회적으로 민감한 실험이 일부 과학자들의 결정만으로 진행되고 있다는 사실도 큰 문제이다. 유럽과 일본은 전통적으로 인간에 대한 실험을 법적으로 엄격히 규제하고 있고, 실용성을 중시하는 미국도 1994년 대통령 산하에 생명윤리자문위원회를 두고 의견을 주의 깊게 듣고 있는 분위기이다. 또 각 병원에서는 윤리위원회가 설치돼있어 엉뚱한 의료 행위를 하지 못하도록 규제하고 있다. 그러나 과학자들이 마음만 먹는다면 인간 복제를 시도할 수 있는 장소와 시간은 얼마든지 있다.

그래서 일반인들이 어떤 입장을 취하든 인간 복제는 계속 시도될 가능성이 크다. 사람들이 좋아하든 말든 과학은 계속 진행될 것이며 반대 분위기는 시간이 지나면 가라앉을 것이라는 예측도 나온다. 실제로 1970년대의 시험관아기 실험은 처음에 강한 반대 여론에 부딪혔다. 하지만 불과 수십 년 내에 시험관아기[IVF]라는 말은 대중에게 거부감 없이 다가오고 있고 정식 의학 용어로도 사용되고 있다.

어쩌면 우리 다음 세대는 복제 인간이라는 '낯선' 생명체와 만나면서 상당한 혼란감에 빠져들지 모른다. 과연 인간이란 무엇인가. 내 눈 앞에 서있는 저 '정상적인' 인간은 나와 무엇이 다른가. 사회에서 나와 복제 인간은 차별돼야 하는가. 꼬리에 꼬리를 무는 수많은 혼란스러운 질문이 조만간 인류에게 쏟아질 듯하다.

표시제,
정말 필요 없을까

미국 식품의약국의 2008년 보고서가 발간되기 며칠 전, 〈월스트리트 저널〉은 식품의약국의 허가 방침을 감지하고 복제 동물의 판매에 대한 미국 내 전반적인 축산업계의 분위기를 전달했다. 2008년 1월 4일 〈월스트리트 저널〉 온라인판에 따르면 미국의 축산업계는 당장은 복제 동물이나 그 자손으로부터 얻은 육류와 우유의 판매를 검토하지 않고 있다고 밝혔다(우유 생산업체에 비해 육류 생산업체는 향후 판매에 대해 좀 더 낙관적인 견해를 갖고 있었다). 바로 소비자의 반감을 의식했기 때문이다.

주요 관련 업체들은 오히려 복제 동물 유래 식품이 유통되는 현황을 자신들이 정확히 알아야 한다고 강조했다. 즉 육류나 우유가 복제 동물에서 유래한 것인지 확인할 수 있는 이력 추적traceability 시스템이 의무화돼 있지 않기 때문에 소비자가 자신들의 생산품과 복제 동물 유래 생산품을 구분할 수 없다는 데 대해 우려의 목소리를 냈다. 예를 들어 식품 소매상과 도매상을 대표하는 한 연구소The Food Marketing Institute는 누군가 복제 유래 식품을 판매하는지 여부가 반드시 알려져야 한다고 밝혔다. 또 미국의 가축 복제 대표 회사들ViaGen, Trans Ova Genetics은 자발적인 이력 추적 시스템을 갖추면 식품 생산업자, 도축업자, 유통업자 등이 복제 유래 식품을 판매하지 않는다는 점을 증명하는 데 도움을 줄 것이라고 밝히기도 했다. 다만 이 시스템에는 복제 동물 자손으로부터 유래된 식품은 포함되지 않았다.

또한 2009년 5월 발간된 미국 농무부의 보고서(Golan et. al, 2009)는 미국 쇠고기의 주요 수입국에서 복제 동물 유래 식품에 대한 소비자의 수용성을 분석하며, 성공적으로 수출하기 위해서는 이력 추적 시스템을 구축하고 적절한 표시제를 실시할 필요가 있다고 제안했다. 단 여기서 표시는 현실적으로 '복제산'이 아니라 '복제 아님clone-free'이었다. 기존의 이력 추적 시스템, 즉 원산지 표시 제도COOL, Country-Of-Origin Labelling를 보완해 복제 동물이 아닌 동물에 대한 정보를 제공하자는 취지였다. 보고서는 한국이 일본, 타이완, 유럽연합과 함께 복제 동물 유래 식품에 대해 초창기에 수입 금지 조치를 내릴 가능성이 있는 나라라고 전망했다.

미국 의회에서는 최근까지 표시제 실시를 위한 움직임이 지속되고 있다(Feight & Zuraikat, 2009). 예를 들어 2007년 1월 상원에서 복제식품표시법Cloned Food Labeling Act이 발의된 바 있다. 식품의약국 보고서가 발간되기 1년 전 여성 상원의원 바버라 미쿨스키Barbara Mikulski가 미국 소비자의 선택권을 위해 준비한 법안이다. 현행 '연방 식품·의약품·화장품법Federal Food, Drug, and Cosmetic Act'과 '연방 육류검사법Federal Meat Inspection Act'을 수정하자는 것이 그 핵심 내용이다.

법안에는 복제 동물 유래 식품에 대한 표시를 "분명히 읽을 수 있고 눈에 잘 띄게" 해야 하며, 식품에서 "영양 성분에 대한 정보 제공 표시와 동일한 크기로" 시행해야 한다는 내용을 담고 있다. 만일 표시를 잘못 붙이면 10만 달러의 벌금을 부과하기로 했다.

한 달 후 하원에서도 유사한 내용의 법안이 발의됐다. 여성 하원의원인 로사 드라우로Rosa DeLauro가 나선 것인데, 흥미롭게도 그녀의 남편은 GMO의 대표 기업인 몬산토 사의 여론조사원으로 활동한 이력이 있다.

복제 동물 식품에 대한 표시제 관련 법안은 2008년 미국 식품의약국 발표 이후 열세 개 주에서 입법화가 시도되고 있다. 그러나 결과는 전망하기 어렵다. GMO 경우 식품의약국이 1992년 표시가 필요 없다고 천명했을 때 열여섯 개 주가 반대하고 표시제 입법화를 시도한 바 있다. 그러나 성공한 사례는 없었다.

유럽연합에서도 상황이 유사하다. 2009년경 표시제 실시를 위한 회원국 간 표결에서 표시제가 통과되지 못했다. 이후 표시제를 주장하는 측에서 지속적으로 입법화가 시도되고 있기는 하지만 결과를 예측하기 어렵다.

복제 동물의 살코기와 우유를 먹어도 괜찮다는 정부와 과학계의 발표에 소비자들

소비자들은 복제 동물의 살코기와 유유에 대한 추적과 표시를 요구하고 있다. ⓒ 미국 식품안전센터

생명공학 소비시대 알 권리 선택할 권리

은 강한 불신감과 불안함을 나타냈다. 한 외신에 따르면 2008년 1월 17일 미국의 소비자연합은 복제 동물의 살코기와 우유에 대한 추적과 표시를 요구했다. 이 단체의 한 과학자는 "미국 식품의약국의 데이터를 볼 때 복제 동물 대부분이 처음 시도에서 태어난 것이 아니고 많은 경우 잉태에 실패하거나 기형 등 결점을 지녔다"며 "소비자는 이런 복제 동물의 살코기와 우유를 먹을 것인지에 대해 선택할 권리가 있다"고 주장했다. 또 "슈퍼마켓에서 복제 동물의 추적과 표시가 반드시 이뤄져야 한다"며 "현재 소비자가 복제 동물에서 얻어진 식품을 먹는 것이 안전한지 안심하기에 자료가 너무 적다"고 했다.

그런데 소비자는 GMO의 경우와 마찬가지로 표시제 시행을 위한 가격 부담을 떠안을 가능성이 크다. 생산부터 유통까지 전 과정에 걸쳐 '복제 산' 또는 '복제 아님'이라는 표시가 일관되게 붙으려면 그에 따른 비용이 추가될 수밖에 없다.

표시제가 시행된다 해도 제대로 진행되고 있는지 사실 여부를 확인하는 일은 현재로서는 거의 불가능하다. 예를 들어 시중에 유통되는 쇠고기가 복제 동물에 유래한 것인지 확인하기 어렵다. GMO처럼 복제 소의 살코기 속에 일반 소의 살코기에서 볼 수 없는 새로운 구조유전자나 단백질 성분을 찾을 수 없기 때문이다.

다만 체세포를 제공한 소와 난자를 제공한 소의 유전자 정보를 모두 알고 있다면 구분 자체는 가능할 수 있다. 예를 들어 A라는 소의 체세포를 B라는 암소의 핵이 제거된 난자에 융합시켜 C라는 복제 소를 만들었다고 하자. 정육점에서 A와 C의 살코기를 구분하려면 핵 유전자와 미토콘드리아 유전자를 모두 분석해보면 된다. 당연히 A와 C의 핵 유전자는 일치한다. 하지만 미토콘드리아 유전자는 다르다. 미토콘드리아 유전자는 모계를 통해 전달되므로 A와 C는 서로 다른 미토콘드리아 유전자를 갖고 있다.

2012년 4월 18일 국내 농촌진흥청이 배포한 보도 자료에는 바로 이 방법이 소개돼있다. 보도 자료에 따르면 농촌진흥청은 미토콘드리아 유전자의 염기 서열을 분석해 일반 소와 이로부터 복제한 소를 구분하고, 복제한 소들끼리도 구분할 수 있는 방법을 개발했다고 밝혔다.

농촌진흥청 연구팀은 일반 한우K9829의 체세포를 복제해 태어난 복제 한우 열 마리의 미토콘드리아 유전자를 분석했다. 그 결과 한우 열한 마리의 미토콘드리아 유전자 내 특정 부위의 염기 서열이 모두 다르다는 점을 확인했다. K9829의 미토콘드리아 유전자는 한 어미 소로부터 전달된 것이다. 그리고 복제 한우 열 마리를 만들 때 동원된 난자는 모두 제각기 다른 암소에서 얻었다. 즉 열한 마리의 한우 모두 제각기의 난자로부터 유래한 셈이므로 미토콘드리아 유전자가 서로 다른 것이다.

농촌진흥청의 발표는 보통의 한우와 복제 한우를 구별할 수 있는 가능성을 처음 제시했다는 점에서 의미가 있다. 다만 정육점에 진열된 수많은 쇠고기에 대해 이 같은 방법을 실제로 적용할 수 있을지는 미지수이다.

제 3 부

새로운 생명공학 소비시대에
직면한 소비자

66GM 연어의 인체 위해성에 대해서도 심각하게 문제가 제기되고 있다. 일반적으로 양식 연어는 자연산 연어보다 건강에 좋은 오메가-3 지방산 비율이 35% 부족하며, 먹이에 포함된 위해 물질인 PCBs가 열 배 높다는 보고가 있다. GM 연어는 빠른 성장을 위해 일반 양식 연어보다 훨씬 많은 먹이를 섭취할 것이므로 위해 물질의 함량이 더욱 늘어날 수 있다. 또한 GM 연어는 특성상 인슐린 유사성장인자-1의 함유 비율이 높은데, 인체의 경우 보통 이 비율이 높으면 각종 암에 걸릴 위험성이 높다고 알려져 있다.**99**

GM 동물 식품,
슈퍼연어 출현 임박

현재까지 세계인이 섭취하고 있는 GMO는 모두 식물을 대상으로 만들어진 것이다. 하지만 조만간 세계 소비자는 GM 동물을 식탁에서 만날 수 있다. 그 신호탄은 현재 미국에서 승인을 기다리고 있는 GM 연어일 것으로 전망되고 있다. 연어를 즐겨 먹고 있는 한국의 소비자로서는 그 승인 여부에 관심을 기울일 수밖에 없다.

미국과 캐나다 합작 벤처 회사인 아쿠아바운티AquaBounty Technologies는 1989년 GM 연어를 개발한 이후 지속적으로 미국 식품의약국에 승인을

아쿠아바운티의 GM 연어. © aquabounty.com

신청하고 그 결과를 기다리고 있다. 1999년 첫 승인 신청이 이뤄진 지 10년 후인 2010년 8월, 미국 식품의약국은 처음으로 GM 연어의 안전성에 문제가 없다는 결론을 내렸다. 식용이나 사료용으로 이용됐을 때 문제가 없고, 환경에 미치는 새로운 위해성도 없다는 입장이었다(김형수·이상준, 2011).

하지만 미국 식품의약국은 최근까지 최종 승인 판정을 내리지 않고 있다. 소비자 단체를 중심으로 각계에서 GM 연어의 위해성을 우려하면서 강력하게 반대하고 있기 때문이다.

아쿠아바운티 사가 개발한 GM 연어는 대서양연어Atlantic salmon에 새로운 구조유전자를 삽입한 개체이다. 구조유전자는 왕연어Chinook salmon의 성장호르몬 유전자이다. 그리고 구조유전자의 작동을 시작하게 만드는 프로모터는 바다 뱀장어의 일종인 오션파웃Ocean Pout에서 얻었다. 이 프로모터는 저온에서도 얼지 않는 특성을 가진다. 덕분에 GM 연어는 1년 내내 몸속에서 성장호르몬이 생산된다. 보통 연어는 겨울에 프로모터의 활동이 중단돼 성장호르몬이 생산되지 않는다.

GM 연어는 일반 연어보다 성장 속도가 훨씬 빠르다. 아쿠아바운티 사는 GM 연어가 양식업계와 소비자 모두에게 이익이 돌아간다고 주장한다. 양식업계는 인건비와 사료비 등 생산 비용을 크게 낮출 수 있으며, 소비자는 싼 가격에 연어를 구입할 수 있다는 내용이다. GM 연어로 인한 새로운 환경 위해성이 없다는 주장도 포함돼있다.

하지만 GM 연어의 위해성에 대한 반론이 만만치 않다. 반론은 생산 비용에서 환경 위해성에 이르기까지 다각도에서 펼쳐지고 있다. Food & Water Europe(2010)은 GM 연어를 반대하는 핵심 근거를 잘 요약하고 있다.

아쿠아바운티 사의 계획에 따르면 캐나다에서 GM 연어의 알을 개발한 뒤 중미 파나마에서 양식과 가공 절차를 거쳐 미국으로 수출할 예정이다. 그렇다면 운송 과정에 필요한 비용 때문에 전체적인 가격 절감 효과가 줄어들 것이다.

GM 연어의 먹이 비용도 문제이다. 아쿠아바운티 사가 미국 식품의약국에 제출한 자료에 따르면, GM 연어는 일반 연어보다 다섯 배나 많은 먹이를 먹어야 기대대로 성장 속도를 유지한다고 한다. 보통 식용 연어를 생산하는 비용에서 사료가 차지하는 비중이 절반 정도이기 때문에 실제로 GM 연어의 생산 비용은 저렴해지지 않을 것으로 예측할 수 있다. 또한 기형 연어가 발생할 경우 양식업계는 이윤 감소와 생산비 증가라는 상황에 닥칠 것이다.

양식업계의 이 같은 비용 부담은 결국 소비자에게 전가돼 소비자는 일반 연어보다 비싼 가격을 지불할 가능성이 커진다. 실제로 아쿠아바운티 사의 고위층 관계자들에 따르면, 일반 연어보다 GM 연어의 알이 더 비쌀 것이며, 내장을 제거한 연어 1파운드를 생산하는 비용이 1.65~1.8달러로 추정된다고 한다. 이 비용은 노르웨이와 스코틀랜드에서 일반 연어를 양식하는 데 드는 비용과 비슷하다.

GM 연어의 품질은 어떨까. GM 연어에 대한 미국 식품의약국의 상세한 검토 내용은 최근까지 공개되지 않은 상황이다(한국바이오안전성정보센터, 2011: 309). 그래서 품질에 대한 내용은 명확하지 않다. 다만 GM 연어가 성장 속도를 빠르게 조절한 것이기 때문에 맛이나 영양분 같은 품질이 오히려 자연산 연어보다 떨어질 수 있는 가능성이 제기될 수 있다. 실제로 Food & Water Europe(2010)에 따르면, 미국 식품의약국의 검토 요약문에 GM 연어가 일반 연어보다 비타민이나 미네랄 등이 10% 이상 적다고 표기돼있다고 한다.

GM 연어의 인체 위해성에 대해서도 심각하게 문제가 제기되고 있다. 일반적으로 양식 연어는 자연산 연어보다 건강에 좋은 오메가-3 지방산 비율이 35% 부족하며, 먹이에 포함된 위해 물질인 PCBsPolyChlorinated Bisphenyls가 열 배 높다는 보고가 있다. GM 연어는 빠른 성장을 위해 일반 양식 연어보다 훨씬 많은 먹이를 섭취할 것이므로 위해 물질의 함량이 더욱 늘어날 수 있다. 또한 GM 연어는 특성상 인슐린유사성장인자-1(IGF-1)의 함유 비율이 높은데, 인체의 경우 보통 이 비율이 높으면 각종 암에 걸릴 위험성이 높다고 알려져 있다.

생태계 교란의 문제도 있다. GM 연어의 탈출 가능성 때문이다. GM 연어는 폐쇄된 양식장에서 자라게 되겠지만, 그동안 일반 양식 연어가 양식장을 탈출한 사례가 많이 보고됐다. 예를 들어 스코틀랜드에서는 2007년 6개월간 10여만 마리의 양식 대서양연어가 야생으로 탈출한 사건이 있었다. 2009년 노르웨이에서는 연어, 송어, 대구, 넙치 등 51만여 마리의 양식 어류가 탈출했다. 세계적으로 양식장에서 탈출한 어류는 약 200만 마리로 추산되고 있다. 만일 GM 연어가 탈출해 바다에 노출되면 자연산 연어의 생존을 위협할 수 있고, 이들과 자연산 연어의 교배를 통해 전혀 새로운 종이 태어날 수 있다.

아쿠아바운티 사는 이 문제를 해결하기 위해 GM 연어를 불임으로 만드는 연구를 시도해왔다. 그러나 최근까지 알려진 평균 불임률은 99.8%였다(김형수 · 이상준, 2011). 얼핏 보면 꽤 높은 성공률인 듯 보인다. 하지만 100만 개 알이 한 양식장에서 자란다고 생각하면 불임에 실패한 숫자가 2,000마리로 결코 적지 않다는 점을 알 수 있다.

미국 연방 정부는 이 같은 논란 속에서도 GM 연어를 활용하는 정책을 펼 가능성이 크다(김형수 · 이상준, 2011). 경제적 이유 때문이다. 2010년 미국이 수산물을 수입한 비용은 802억 달러였다. 이에 비해 수출 비용은 27억 달러에 불과했다. 수입 수산물 가운데 연어에 17억 9000만 달러가 소요됐는데, 이는 42억 7000억 달러인 새우에 이어 두 번째 순위였다. 이 같은 수산물 분야의 적자 문제를 해결하기 위해 GM 연어의 상용화를 염두에 두고 있는 것이다.

만일 아쿠아바운티 사의 GM 연어가 최종 승인을 받는다면 이후 다양한 GM 어류가 연이어 승인될 가능성이 크다. 아쿠아바운티 사의 무지개송어와 틸라피아를 비롯해 미꾸라지, 곤들매기, 잉어 등 다양한 GM 어류가 승인 절차를 통과하기 위해 대기하고 있다.

일반적으로 소비자는 GM 농산물에 비해 GM 동물 식품의 안전성에 더욱 큰 우려감을 나타내는 것 같다. 예를 들어 헨슨 등(Henson et. al, 2008)은 캐나다 소비자 36명을 대상으로 전화 설문 조사를 실시한 결과 소비자는 식용 동물에 적용된 GM 기술이 식용 식물의 경우보다 더 위험하다고 판단한다고 보고했다.

이들은 일반 식품에 적용된 기술 열한 가지와 식품이 아닌 대상에 적용된 기술 열 가지에 대해 각각의 위험과 이익을 비교하면서 소비자의 수용성을 조사했다. 그 결과 소비자는 식용 동물에 적용된 GM 기술을 농약이 처리된 식품이나 호르몬 성분이 함유된 식품 등과 함께 고위험-저이익 영역으로 인식했다. 이에 비해 식용 식물에 적용된 GM 기술은 이보다 위험이 낮고 이익이 높은 휴대폰, 마이크로웨이브 오븐, 그리고 약물 개발을 위해 적용된 GM 기술 등과 비슷한 수준으로 나타났다. 이들보다 저위험-고이익으로 인식한 사례는 전통적인 냉동식품, 진공포장 식품, 통조림, 저온살균 식품, 최근의 기능성 식품, 영양분과 약용 성분의 결합을 추구하는 뉴트러수티컬nutraceutical 식품 등이었다.

또한 미국 국제식품정보위원회(2010: 6)가 미국인 성인 750명을 대상으로 한 온라인 설문 조사 결과에 따르면 29%가 GM 동물 식품에 대해 호의적이었고 27%는 다소 또는 매우 비호의적인 반응을 보였다. 나머지 24%는 중립이었다. 이는 같은 해 동일한 대상에게 조사한 GM 농산물에 대한 호감도에 비해 다소 떨어지는 수치였다(32%가 호의적, 19%가 비호의적, 29%가 중립).

한국 소비자는 GM 동물 식품에 대해 강한 반대 의사를 표시하는 듯하다. 2010년 11월 16일부터 12월 6일까지 전국 성인 남녀 1,000명을 대상으로 한국바이오안전성정보센터가 한국리서치를 통해 설문 조사를 실시한 결과, GM 연어를 구입 할 의향이 있다고 응답한 비율이 14.7%인데 반해 71.8%는 구입할 의향이 없다고 답했다(한국바이오안전성정보센터, 2010: 324).

GM 연어를 비롯해 최근까지 식용으로 개발되고 있는 GM 동물은 대부분 1세대 GMO에 속한다(〈표 5〉 참조). 즉 기존의 동물에 비해 성장 속도를 높이거나 고기와 우유의 양을 확대하는 방향으로 유전자 삽입이 이뤄지고 있다. 따라서 GM 농산물의 경우와 유사하게 양식업자나 축산업자를 제외하고 소비자의 입장에서는 별다른 이익을 발견하기 어려울 수 있다.

그러나 1세대라 해도 질병에 걸릴 확률이 낮도록 유전자가 변형된 GM 동물에 대해서는 소비자가 구매 욕구를 가질 수 있다. 예를 들어 CAST(Council for Agricultural Science and Technology, 2009: 5-6)는 가축을 대상으로 유전자 삽입이 이뤄질 경우 질병에 감염되지 않은 '청정 육류'를 소비자에게 제공할 수 있다는 점을 지적했다. 이 보고에 따르면 그동안 소비자들이 풍토병이나 전염병에 감염된 가축을 섭취할 때 육류의 안전성에 대한 우려가 컸으므로, 만일 질병에 걸리지 않도록 유전자를 변형하면 소비자가 안심하고 GM 동물 식품을 받아들일 것으로 전망할 수 있다. 특히 광우병BSE, Bovine Spongiform Encephalopathy 같은 인수 공통 질환의 경우 인간이 크로이츠펠트-야콥병CJD, Creutzfeldt-Jacob Disease에 걸릴 우려 때문에 쇠고기 섭취량이 줄어들고 있지만, 만일 광우병에 걸리지 않는 소를 개발하면 문제가 해결될 수 있다는 것이다. 현재 식용으로 개발되고 있는 주요 GM 동물은 연어를 제외하고는 소가 선두 주자이며, 양, 돼지, 닭이 그 뒤를 따르고 있다.

질병에 대한 저항성이 강한 GM 동물은 한편으로 축산업자의 비용 절감도 유도할 수 있다. 질병 관리를 위해 소요되는 비용은 개발도상국의 경우 가축 산업 매출액의 17%, 선진국은 35~50%에 달한다는 보고가 있다. 또한 질병 저항성 GM 동물은 그동안 동물권animal right을 이유로 GM

기술을 반대해온 견해에 대해서도 해결 논리를 제시할 수 있다. 질병 저항성 유전자 변형 자체가 동물의 복지를 보장할 수 있기 때문이다.

현재의 품질을 향상시키는 2세대 GM 동물 식품에 대해서도 소비자의 호감도가 높아질 수 있다. 예를 들어 특정 유용 성분의 함유량이 높아진 육류나 우유가 출시된다면 소비자는 좀 더 비싼 가격에 그 제품을 선택할 가능성이 있지 않을까.

향후 GM 동물 식품은 복제 기술과 결합돼 새로운 상품으로 개발될 가능성이 있다. 예를 들어 광우병에 걸리지 않는 소를 개발한 후 이를 복제한다면 축산업계로서는 소비자가 원하는 청정 육류를 대량으로 얻는 길이 열리는 셈이다. 실제로 이 같은 기술의 융합 추세는 과학계에서 분명하게 진행되고 있다. 소비자로서는 식품에 적용되는 생명공학 기술이 점점 복잡해지는 상황에 직면하고 있는 것이다.

〈표 5〉 농업 생산성 증대를 위한 형질 전환 기술의 적용 현황

형질 전환 유전자 종류	적용 가능성	동물	첫 연도
(육류 생산)			
인슐린유사성장인자-1(IGF-1)	육류 생산 증가	돼지	1999
인간 · 돼지 성장호르몬 방출인자	육류 생산 증가	돼지	1990
인간 성장호르몬 방출인자	육류 생산 증가	양	1989
소 · 인간 · 돼지 성장호르몬	육류 생산 증가	돼지	1989
양 성장호르몬	육류 생산 증가	양	1998
유도성 마이오스타틴myostatin 제거	생후 근육 성장 증가	쥐	2003
마이오스타틴 파괴disruption	근육 성장 증가	쥐	2001
성 특이적sex-specific 마이오스타틴 파괴	낙농 소와 우수 수소의 효과적 생산 시스템	쥐	2005

생명공학 소비시대 알 권리 선택할 권리

(성장 속도)			
물고기 성장호르몬	시장 도달 기간의 단축	어류	1992
(우유 생산)			
소 알파-락트알부민α-lactalbumin	우유 생산 증가 및 새끼 돼지 생존율 증대	돼지	2001
소 베타 · 카파-카세인β·x-casein	우유 성분 개선	소	2003
(섬유 생산)			
양 인슐린유사성장인자-1	모직 생산 개선	양	1996
양 성장호르몬	모직 생산 개선	양	2002
양 케라틴 중간intermediate 필라멘트	모직 가공 및 웨어링 특성 개선	양	1998
박테리아세린 트랜스아세틸레이스transacetylase 및 O-아세틸세린 설프하이드릴레이스 sulfhydrylase	모직 생산 개선	양	2000
(사료 개량)			
박테리아 이소시트르산isocitrate 분해 효소 및 말레이트malate 합성 효소	글루코스 공급 증대	양	2000
인간 포도당수송체-1 및 쥐 헥소키나아제-2hexokinase II	글루코스 활용도 개선	어류	1999
(새로운 생육 환경)			
물고기 항동결antifreeze 단백질	차가운 물에서 어류 양식	어류	1995
(질병 저항성/식품 안전성)			
포도상구균S. simulans 리소스타핀lysost aphin	유선염 저항성	소	2005
인간 라이소자임lysozyme	음식 부패 방지	염소	2006

(Council for Agricultural Science and Technology, 2009: 10)을 참조해 재정리.

이미 상용화된 GM 열대어, 상용화 임박한 GM 모기

세계 각국에서는 식용이 아닌 다양한 용도의 GM 동물이 이미 시장에 선을 보

GM 열대어를 광고하고 있는 요
크타운 테크놀로지의 홈페이지.
ⓒ glowfish.com

였다. 그리고 이에 따른 반대 여론도 활발하게 펼쳐지고 있다.

먼저 애완용 GM 열대어 판매 소식이다. 2003년 11월 22일 〈뉴욕 타임스The New York Times〉 인터넷판은 미국 텍사스 소재 회사 요크타운 테크놀로지가 2004년 1월 5일부터 정상보다 훨씬 화려하게 몸을 치장한 열대어를 판매한다고 밝혔다. 그리고 실제로 GM 열대어는 판매되고 있다. 이에 대해 시민 환경 단체들은 이 열대어를 '프랑켄슈타인 물고기'라 부르며 생태계 파괴의 위험성을 지적하면서 판매에 반대하고 있다.

당시 판매가 예고된 GM 열대어의 '원본'은 검은색 바탕에 은색 무늬가 입혀진 몸길이 4cm의 얼룩물고기Zebra fish였다. 이 열대어의 수정란에 산호로부터 추출한 붉은 형광 색소 유전자를 삽입했다. 그러자 열대어가 낮에는 붉은 색을 띠고 밤에는 자외선으로 비추면 빛을 발하는 희귀 생물로 둔갑했다.

원래 연구자들이 GM 열대어를 개발한 이유는 환경오염 경보기 역할을 수행하도록 하기 위해서였다. 일례로 싱가포르 국립대학은 이미 수년 전부터 중금속 등 독성 물질이 닿으면 빛을 발하는 열대어를 만들어왔다. 그런데 연구진은 해파리의 발광 유전자를 얼룩물고기 수정란에 삽입해 온종일 빛을 발하는 열대어를 개발해 관련 학회에 보고했다. 근육에 빨강, 초록, 노랑 빛을 발하는 단백질을 가진 GM 열대어였다. 미국의 요크타운 테크놀로지 사는 이 연구진과 라이선스 계약을 맺어 판매를 시도한 것이었다.

회사 측이 제시한 판매 가격은 마리당 5달러. 정상 얼룩물고기에 비해 4~5배 비싼 가격이다. 회사 측은 홈페이지www.GloFish.com에서 '당신의 수족관에서 과학의 기적을 일으켜라'라고 홍보하며 세계 애완동물 상점의 신청을 기다린다고 밝혔다.

하지만 반론이 만만치 않았다. 먼저 인간의 즐거움을 위해 생명권을 침해해서는 안 된다는 주장이다. 2000년 미국 시카고 예술대학의 한 교수는 과학자들에게 '미적 유희'를 위해 해파리의 녹색 발광 유전자를 가진 토끼를 만들어달라고 요청했다. 실험에 성공은 했지만 과학자들은 동물 보호론자들의 비난을 의식해 교수에게 이를 주지는 않았다고 한다.

또 다른 비판은 생태계 교란에 맞춰졌다. 미국의 식품안전센터를 비롯한 시민 환경 단체들은 GM 열대어를 '생물학적 오염원'이라며 자칫 자연으로 흘러들어가면 생태계의 균형을 파괴할 것이라고 주장했다. 앞으로 수온이 낮은 곳에서도 생존할 수 있도록 유전자 변형이 가해진다면 위험은 더욱 커질 것이다.

한편 인간의 질병을 막기 위해 개발돼 상용화를 앞둔 GM 동물이 있다. 뎅기열의 확산을 막기 위해 개발되고 있는 GM 모기가 그 주인공이다.

뎅기열은 모기가 옮기는 대표적인 질병의 하나이다. 사람이 뎅기 바이러스에 감염되면 급성으로 고열이 발생한다. 증상이 심하게 지속될 경우 사망률이 40% 이상에 이른다. 하지만 별다른 치료법이 개발되지 않은 상황이다.

뎅기열은 과거에는 열대 지역에서 주로 발생하는 질병이었지만 최근 들어 열대 지역을 다녀온 사람을 통해 세계 곳곳에서 전파되고 있는 실정이다. 국내에서도 매년 30여 건 정도 뎅기열 감염이 보고되고 있다고 한다.

말레이시아 정부는 2010년 10월 5일 GM 모기의 환경 방출 실험을 승인했다. 그리고 같은 해 12월 21일 6,000여 마리의 GM 모기를 실제로 환경에 방출했다.

실험에 동원된 GM 모기는 영국 옥시테크Oxitech 사에서 개발됐다. 유전자가 변형된 대상은 수컷 모기였다. 이 GM 모기가 야생의 암컷 모기와 짝짓기를 하면 그 자손은 애벌레 상태에서 죽게 된다.

왜 수컷의 유전자를 변형시켰을까. 인간을 물어 전염병을 옮기는 모기는 수컷

옥시테크 사에서 개발된 GM 모기.
ⓒ oxitech.com

이 아니라 암컷이다. 만일 암컷 모기의 유전자를 변형시킨다면 이들이 인간을 물었을 때 어떤 영향을 미칠지 알 수 없기 때문에 수컷을 실험 대상으로 선택한 것이다.

현재 말레이시아 정부의 계획대로라면 향후 100만~10억 마리의 GM 모기가 방출될 예정이라고 한다. 하지만 애벌레가 100% 죽지 않고 3~4%가 살아남는다는 보고가 있다. 이들이 생태계에 어떤 영향을 미칠지는 장담할 수 없다. 모기가 항공기나 선박을 통해 전 세계에 쉽게 퍼져 나간다는 사실을 떠올리면 말레이시아의 GM 모기 실험은 국제적인 우려와 논란을 낳을 것으로 전망된다.

말레이시아 외에도 브라질, 파나마, 미국에서 뎅기열 방지용 GM 모기의 방출 실험에 대한 승인을 기다리고 있다. 그리고 뎅기열 외에도 말라리아, 뇌염 등 모기가 매개하는 전염병을 막기 위해 새로운 GM 모기가 연구 중이다.

66미국 터프츠 대학교 연구팀은 중국 후난성 형양 시의 한 초등학교 학생들을 대상으로 황금미를 섭취하게 하고 그 결과를 2012년 8월 1일 자 〈미국임상영양학 저널The American Journal of Clinical Nutrition〉에 발표했다(Tang, G. et. al, 2012). 연구진은 황금미 안의 베타카로틴이 인체에서 얼마나 비타민 A로 전환되는지 궁금했다. 실험 대상은 6~8세 어린이 68명이었다. 하지만 이 연구 논문이 발표되자 중국은 발칵 뒤집혔다. 중국의 영자 신문 〈차이나 데일리China Daily〉는 올해 9월 초 이 실험이 윤리적으로 심각한 문제를 안고 있다고 주장했다. 황금미의 안전성이 충분히 입증되지 않은 상황에서 어린이에게 실험을 감행한 것은 용납될 수 없다는 이유 때문이었다.**99**

CHAPTER 2

신기술로 무장한
GM 농산물

소비자가 선호할 만한
2세대 GMO의 등장

최근까지 개발돼온 1세대 GM 농산물은 농업 생산자에게는 생산량 증대와 생산원가 절감이라는 직접적인 기대 효과를 제시하고 있다. 하지만 소비자의 입장에서는 1세대 GM 농산물에서 별다른 이익을 기대하기 어렵다. 제초제 내성이나 살충성 농산물이 개발됐다 해도 소비자에게는 특별히 향상된 품질이 제공되기 어려울뿐더러, 소비 시장에서 가격 저하가 실감 나게 다가올 수도 없기 때문이다.

2세대 GM 농산물이 등장하고 있는 한 가지 이유는 소비자의 이 같은 부정적 인식을 상쇄하기 위해서이다(Schenk et. al, 2011: 83). 실제로 GM 농산물의 야외 실험 건수를 조사한 결과 제초제 내성 실험은 1990년 이후 전체 실험 가운데 30%를 유지하고 살충성 실험은 1990년 50%에서 2008년 10%로 감소한 반면, 생산물의 품질 향상을 위한 2세대 실험은 1990년대 초기에 크게 증가했다가 이후 감소와 증가를 반복하지만 전체적으로 늘어나고 있는 추세이다(Arundel & Sawaya, 2009: 39).

일각에서는 2세대 GM 농산물에 대한 소비자의 반응을 조사한 결과 1세대에 비해 선호도가 높게 나타난다는 보고가 제시되고 있다. 미국 국제식품정보위원회(2010: 5)의 조사에 따르면, 미국인 성인 750명에게 온라인 설문을 실시한 결과 기존 GM 농산물에는 32%가 호의적, 19%가 비호의적, 29%가 중립적인 응답을 했다. 이에 비해 2세대 GM 농산물에 대해서는 호의적인 응답률이 전반적으로 높았다. 한 가지 예로 만일 트랜스지방을 감소시키고 유익한 지방을 증가시킨 건강 증진 GM 농산물이 나온다면 구매하겠다는 응답률이 74~76%에 달했다.

최근 셴크 등(Schenk et. al, 2011)이 제시한 연구 결과도 흥미롭다. 이들은 2006년 9월부터 2007년 6월까지 네덜란드의 여러 상점에서 산타나Santana 사가 개발한 알레르기 유발 완화용 GM 사과를 시험적으로 판매했다. 그리고 평소 사과 알레르기가 있다는 437명을 대상으로 조사한 결과 GM 사과에 대해 호의적인 태도를 보인 비율이 사과 알레르기가 없는 대조군보다 더

높았다고 한다. 또한 응답자의 절반 이상이 실제로 사과 알레르기 반응이 일어나지 않았다고 밝혔다.

2세대 GM 농산물에 대한 이 같은 보고들은 GMO에 대한 소비자의 수용성을 일괄적으로 예측하기 어렵다는 점을 시사한다. 소비자는 위험이 어느 정도 인식된 상황이라 해도 품질 향상의 여부, 즉 자신의 건강과 관련된 물질의 함유 여부에 따라 GMO를 구매할 수 있다는 점을 알려준다. 이 같은 경향은 건강 증진은 아니지만 맛이라는 품질 개선을 표방한 미국 플레이버 세이버 토마토의 초창기 성공 사례에서도 확인된다.

그러나 소비자에게 실감 나게 다가오는 2세대 GM 농산물은 그리 많이 개발되지 않을 수 있다. GMO 개발자의 경제적 이익이 보장되지 못할 가능성 때문이다.

그래프 등(Graff et. al, 2009)은 1세대보다 품질이 향상된 2세대 GM 농산물의 연구 개발 속도가 1998년부터 급격하게 떨어지고 있다고 보고했다. 그리고 그 주요 원인을 1998년 유럽연합이 GMO의 생산과 유통을 일시적으로 중지한 모라토리엄 선언으로 지목했다.

이들은 1980년대 후반에 유전공학 기술이 농업에 적용됐으므로, 그 성장 시기는 1990년대에 나타날 것으로 판단했다. 그런데 생산물의 품질 향상을 목적으로 세계적으로 연구돼온 2세대 GM 농산물 558개를 분석한 결과 전체 연구 개발 프로그램의 4분의 3이 중지된 상태였으며, 1차 야외 실험을 거친 품목은 355개, 2차 야외 실험을 한 경우는 51개였다. 이 가운데 정부에 승인을 신청한 품목은 열네 개에 불과했으며, 다섯 개만이 상업화에 성공했고 이후 시장에 생존한 품목은 두 개뿐이었다.

생명공학 소비시대 알 권리 선택할 권리

특히 1998년을 기점으로 야외 실험과 시장 진입 건수가 감소하는 등 연구 개발 추이가 정체하는 경향이 두드러졌다. 예를 들어 1998년 이전에는 네 개 농산물이 시장에 진입한 데 비해, 1998년 이후에는 130개 후보 농산물 가운데 한 개만이 시장 진입에 성공했다.

그래프 등(Graff et. al, 2009: 704)은 이 같은 현상이 발생한 원인으로 여러 가지를 지목했다. 먼저 2세대 GM 농산물의 특성과 관련된 유전자를 찾기 어렵다는 기술적 요인이 있다. 영양을 비롯한 품질을 담당하는 구조유전자는 이전의 제초제 내성이나 살충성 구조유전자에 비해 발현 메커니즘이 복잡해서 정확히 발굴하기 어려울뿐더러 비용이 많이 소요된다. 또한 개발된 구조유전자에 대한 지식재산화를 위해 특허를 출원해야 하는데 이미 상당한 양의 관련 기술이 특허로 등록돼있기 때문에 이를 피해 고부가가치를 낳을 수 있는 특허 탐색이 어려워지고 있다. 다른 한편으로 2세대 GM 농산물의 경쟁력, 예를 들어 신선한 자연산 토마토와 경쟁할 만한 고품질 토마토를 과연 만들 수 있을지에 대한 경제적 보상 측면의 의문도 있다.

그러나 가장 직접적인 원인은 1998년 유럽연합의 생산 및 유통에 관한 모라토리엄 선언, 즉 규제 환경의 변화에서 찾을 수 있었다. 이 모라토리엄은 주로 1세대 GM 농산물을 대상으로 시행된 것이었는데, 연구자의 입장에서 2세대 GM 농산물에 대한 연구 개발 환경은 향후 더욱 어려워질 것이라고 판단했을 가능성이 크다.

유럽연합의 모라토리엄 선언에는 소비자의 거부 움직임이 크게 작용했을 것이다. 당시 푸스타이 박사 사건과 표시를 하지 않은 미국 몬산토 사의 GM 콩에 대한 반감 등으로 영국 소비자들은 GM 농산물에 대해 거부 움직임을 보이기 시작했다. 소비자의 반응에 민감한 소매업자나 식품 가공업자 역시 비슷한 행보를 보였다(박민선, 2001: 226-227). 영국을 비롯한 유럽의 여러 국가에서 주요 슈퍼마켓 체인과 다국적 식품 기업은 GM 농산물에 대한 철회를 선언했다. 또한 1999년 4월에는 영국의 유니레버, 네슬레, 프랑스의 까르푸 등이 벨기에, 스위스, 이탈리아, 아일랜드 등의 유통업체와 연대해 GM 농산물을 판매하지 않겠다는 결정을 내리기도 했다.

그럼에도 일부 2세대 GM 농산물은 세계적으로 개발되고 있는 추세이다. 그 대표 사례가 쌀이다. GM 쌀은 일명 황금미Golden Rice라고 불리고 있다. 쌀에 비타민 A 성분이 포함되도록 구조유전자를 삽입한 품목이다.

사람은 비타민 A를 동물 간, 생선 간유, 전지분유, 달걀 등의 동물성 식품, 그리고 녹황색 채소와 해조류 등의 식물성 식품을 통해 섭취한다. 그런데 식물성 식품의 경우 비타민 A 자체가 들어있지 않고 그 이전 단계 물질인 베타카로틴이 존재한다. 황금미는 이 베타카로틴 유전자를 함유하도록 유전자를 변형한 쌀을 의미한다.

황금미가 과연 비타민 A 부족으로 인한 질병과 기아 문제를 얼마나 해결할 수 있는지에 대해서는 논란이 있다. 그런데 논란의 와중에 충격적인 연구 소식이 들렸다. 황금미가 실제로 몸속에서 효과를 제대로 발휘하는지에 대한 인체 실험 결과가 발표된 것이다.

미국 터프츠 대학교 연구팀은 중국 후난 성 형양 시의 한 초등학교 학생들을 대상으로 황금미를 섭취하게 하고 그 결과를 2012년 8월 1일 자 〈미국임상영양학 저널The American Journal of Clinical Nutrition〉에 발표했다(Tang, G.

et. al, 2012). 연구진은 황금미 안의 베타카로틴이 인체에서 얼마나 비타민 A로 전환되는지 궁금했다. 실험 대상은 6~8세 어린이 68명이었다.

연구진은 이미 미국 성인 다섯 명을 대상으로 유사한 실험을 수행했으며, 결과는 성공적이었다고 동일한 학술지 2009년 8월 15일 자에 발표한 바 있다. 이번에는 어린이에게도 비슷한 효과가 나타날지에 대해 연구한 것이다.

연구진은 황금미, 시금치, 그리고 순수 베타카로틴 오일 성분 등 세 가지를 어린이들에게 섭취하게 했다. 총 실험 기간은 5주였다. 논문에서 제시된 결과는 성공적이었다. 혈액을 채취해 조사한 결과 비타민 A의 공급량이 황금미를 섭취한 경우와 순수 베타카로틴 오일을 섭취한 경우가 유사했다. 그리고 시금치를 섭취한 경우보다 좀 더 효과적이었다.

하지만 이 연구 논문이 발표되자 중국은 발칵 뒤집혔다. 중국의 영자 신문 〈차이나 데일리China Daily〉는 올해 9월 초 이 실험이 윤리적으로 심각한 문제를 안고 있다고 주장했다. 황금미의 안전성이 충분히 입증되지 않은 상황에서 어린이에게 실험을 감행한 것은 용납될 수 없다는 이유 때문이었다.

실제로 연구 논문이 발표된 시점까지 황금미에 대한 안전성 승인이 이뤄진 곳은 세계 어느 곳에도 없었다. 더욱이 논문에서 제시된 미국 국립 보건원NIH의 임상시험 등록 웹사이트를 보면 2008년 5월 16일 실험 신청이 이뤄졌다는 점을 알 수 있다.

〈차이나 데일리〉는 또한 중국의 어느 부서가 이 같은 실험을 허가했는지에 대해 의문이라고 비판했다. 문제가 제기됐을 때 중국 정부는 이 실

| 환경 단체 그린피스는 황금미 개발
에 반대하고 있다.

험을 허가했다고 공식적으로 인정하지 않았다. 부모와 아이들이 과연 얼마나 충분한 정보를 제공받고 동의를 했는지도 의문이었다.

하지만 연구진은 논문에서 이 실험이 미국 터프츠 대학교의 임상시험심사위원회Institutional Review Board와 중국의 관련 윤리위원회Ethics Review Committee of Zhejiang Academy of Medical Sciences의 허가를 받았다고 명시했다. 또한 부모와 학생들 모두에게 동의를 얻었다고 밝혔다.

국제 환경 단체인 그린피스는 황금미에 대한 다음 인체 실험이 필리핀 어린이를 대상으로 진행될 것이라고 경고하고 나섰다. 필리핀에는 황금미를 비롯하여 GM 쌀을 개발하고 있는 두 연구기관인 국제쌀연구소 International Rice Research Institute와 필리핀 쌀연구소Philippine Rice Research Institute가 포진하고 있기 때문이다.

GMO의 진화와 GMO를 넘어선 새로운 생명공학 기술

외국 과학기술계에서는 새로운 생명공학 기술을 적용해 과거와는 다른 종류의 GMO를 활발하게 개발하고 있다. 안전성에 대한 소비자의 우려를 최소화하면서 GMO의 장점을 부각하는 방향으로 연구를 진행하고 있다. 그 사례는 과거처럼 전혀 다른 종류가 아닌 같은 종의 구조유전자를 삽입하는 경우부터, 유전자 재조합 기술을 사용하되 최종 산물에는 구조유전자가 없도록 만드는 일까지 다양하다.

이 같은 연구를 추진하는 과학기술계는 현재 GMO의 개념이 이미 옛날 것이 돼버렸기 때문에 GMO에 대한 새로운 정의를 도입해야 한다고 주장하고 있다. 소비자는 조만간 새로운 과학기술로 개발된 GMO 제품을 만나면서 이에 대해 판단하기가 더욱 어려워질 전망이다.

GMO의 정의를 새로 내려야 한다는 주장은 주로 유럽연합의 과학기술계에서 제기되고 있다. 유럽연합은 세계에서 가장 엄격하게 GMO를 규제하고 있는 곳이다. 하지만 새로운 방법으로 GMO를 개발하고 있는 과학기술계에서는 현재의 엄격한 규제에 불합리한 점이 포함돼있다고 지적하고 있다.

유럽연합은 한국처럼 GMO의 안전성에 관한 국제 협약인 카르타헤나 의정서에 서명한 당사국이다. 유럽연합은 2000년대 초반부터 지침Directives이나 규정Regulation의 형태로 당사국으로서의 법률적 의무를 수행하고 있다(박원석, 2010). 그 내용은 다음과 같다.

GMO에 관한 유럽연합의 지침 및 규정

· GMO의 의도적 환경 방출에 관한 지침(Directive 2001/18/EC)

- 유전자 변형 식품과 사료에 관한 규정(Regulation (EC) No 1829/2003)
- GMO의 표시와 이력 추적 및 유전자 변형 식품과 사료의 이력 추적에 관한 규정(Regulation (EC) No 1830/2003)
- GMO의 국가 간 이동에 관한 규정(Regulation (EC) No 1946/2003)
- 밀폐 사용 유전자 변형 미생물에 관한 지침(Directive 2009/41/EC)

이들 가운데 GMO에 대한 정의가 명시된 것은 유럽연합 2001년 지침 Directive 2001/18/EC이다. 그런데 이 지침에 소개된 GMO의 개념은 1990년도에 만들어진 유럽경제공동체 90/200 지침Directive 90/220/EEC에서와 동일하다. 즉 현재 유럽연합에서 사용되는 GMO의 개념은 오래전인 1990년에 만들어진 것이다.

네덜란드에서 정부에 GMO의 위해성에 대해 자문하는 기구인 COGEM Netherlands Commission on Genetic Modification은 바로 이 사실을 문제 삼고 나섰다. COGEM(2009)에 따르면 유럽연합에서 새롭게 개발되고 있는 GMO에 대해 과거의 정의를 기준으로 규제하고 있는 현실이 부당하다는 것이다. 비슷한 문제의식에서 유럽연합 집행위원회European Commission 산하 공동연구개발센터Joint Research Center 역시 과거 GMO 개념에 문제를 제기하는 새로운 종류의 식품 육종 기술을 보고했다(Lusser, M. et. al, 2011).

유럽연합 2001년 지침에 제시된 GMO의 정의는 '제조 방법'을 기준으로 설정돼있다. 즉 유전자를 변형하는 방법이 기존의 교배 방식과 달리 자연적이지 않을 경우 그 산물을 GMO라고 정의한다. 생산 과정 위주의 접근process approach 방식이다. 그리고 GMO에 대해서는 별도의 지침과 규정

생명공학 소비시대 알 권리 선택할 권리

을 통해 규제하고 있다.

이에 비해 GMO 생산 강국인 미국과 캐나다에서는 방법보다는 제품의 상태를 중시한다. 즉 제품에 새로운 특성characteristic이 나타난다면 그것이 GMO이든 아니든 규제 대상이 된다. 최종 산물 위주의 접근product approach 방식이다. 미국과 캐나다는 카르타헤나 의정서에 가입하지 않았기 때문에 당사국이 아니다. 그래서 GMO에 대해 별도의 자국 내 규제 제도를 갖추지 않고 기존의 규제 제도를 확장해 적용하고 있다.

유럽연합의 과학기술계에서 소개하고 있는 신기술의 사례를 몇 가지 살펴보자. 먼저 유전자 삽입 기술을 전통 교배에 접목한 역육종reverse breeding 기술의 경우이다.

식물 육종 분야에서 우수한 유전 형질을 갖는 새로운 개체를 찾기 위한 방법 가운데 자가수분과 역교배back crossing가 있다. 자가수분은 한 개체에서 꽃가루를 인위적으로 같은 개체의 암술머리에 옮겨 수분을 일으키는 일을 의미한다. 그리고 역교배는 부계와 모계를 교배해 만든 자손을 부계와 모계 가운데 어느 한 쪽과 교배하는 방식을 뜻한다. 이 과정을 반복하면서 부모의 어느 한 쪽에서 인간이 원하는 우수한 형질을 가진 개체를 골라낸다.

그런데 식물이 생식세포를 만드는 과정에서 자연적으로 양쪽 개체의 유전자들이 섞이는 재조합 현상이 발생한다. 그 결과 우수한 형질을 가진 개체를 순수하게 얻기 어렵다.

역육종 기술은 이 문제를 해결할 수 있다. 유전자의 자연적인 재조합을 막는 기능을 발휘하는 특정 유전자를 식물의 생식세포에 삽입하는 것이다. 그 결과 자손 가운데 절반은 유전자가 삽입된 채, 나머지 절반은 유전자가 삽입되지 않은 상태에서 태어난다. 이 나머지 절반의 자손만을 골라낸다면 우수한 형질, 가령 제초제 내성이나 살충성을 갖되 외래 유전자가 없는 새로운 개체를 만들 수 있다.

결국 우수한 형질을 가진 개체의 '제조 방법'에는 기존의 GM 기술이 적용됐지만, 최종 산물에는 외래 구조유전자가 남아있지 않으므로 이를 두고 GMO라고 부르며 규제하는 일이 불합리하다고 볼 수 있다. 하지만 현행 유럽연합의 정의에서는 '제조 방법'이 판단 기준으로 설정돼있으므로 이 역시 GMO 규제의 테두리 안에서 심사와 감독을 받아야 한다.

국내에서 일명 '유전자 가위'로 소개되고 있는 징크 핑거 뉴클레아제 zinc-finger nuclease를 활용한 기술도 역육종 기술과 비슷한 의미에서 주목받고 있다. 징크 핑거 뉴클레아제는 생체 내에 존재하는 단백질의 이름이다. 원래 기능은 특정 유전자에 붙어 그 유전자의 작동을 조절하는 역할이다. 여기서 핑거는 처음 발견됐을 때 모습이 마치 손가락 같았다고 해서 붙은 이름이고, 아연 원소를 의미하는 징크는 이 단백질 안에 아연이 포함돼있음을 알려준다. 뉴클레아제는 유전자의 염기 부위를 잘라내는 역할을 수행한다.

연구자들은 징크 핑거 뉴클레아제가 특정 염기 서열을 인식한다는 점에 착안, 다양한 종류의 인공 징크 핑거 뉴클레아제를 만들어왔다. 돌연변이를 일으킨 특정 염기 부위를 잘라내 없앨 수도 있고, 기존의 GM 기술처럼 원하는 구조유전자를 삽입할 수도 있다. 다만 기존의 GM 기술은 4~6개의 염기 부위를 인식할 수 있어 숙주의 유전체에서 너무 많은 곳에 삽입될 가능성이 있어 정확도가 떨어진다. 이에 비해 징크 핑거 뉴클레아제는 20개 내외의 염기 부위를 인식할 수 있어 원하는 장소에 유전자를 삽입하는 정확도가 훨씬 높다.

어떤 식물이 특정 질병에 내성을 발휘하는 유전자를 갖고 있지만, 그 염기 서열의 일부가 변형돼 기능을 발휘하지 못한다고 가정해보자. 해당 유전자의 염기 서열을 통째로 잘라내도록 설계된 징크 핑거 뉴클레아제 유전자를 이 식물에 삽입한다면 어떨까. 일단 잘라진 후 자연적인 회복 과정을 거치면서 해당 유전자의 염기 서열은 정상으로 돌아올 수 있다.

이들 개체를 교배하다 보면 징크 핑거 뉴클레아제 유전자를 갖지 않은 일부 자손들을 얻을 수 있다. 그렇다면 역육종 기술의 경우와 마찬가지로 '제조 방법'에는 GM 기술이 사용됐지만 최종 산물에는 외래 구조유전자가 남아있지 않는 상황이 벌어진다.

최근까지 만들어진 GMO는 구조유전자의 종류가 주로 미생물에서 유래한 것이다. 원리적으로는 동물과 인간에서 얻은 구조유전자도 사용될 수 있다. 그런데 같은 종에서 구조유전자를 얻는다면 어떨까. 이런 GMO가 개발된다면 그동안 '외래' 구조유전자에 대한 거부감을 가져온 소비자에게 좀 더 가깝게 다가설 수 있지 않을까.

실제로 구조유전자를 삽입하기는 하되 이를 같은 종에서 얻는 기술이 개발돼있다. 이를 동종기원cisgenesis 기술이라고 부르겠다. 사실 최초의 상품화된 GM 토마토 플레이버 세이버는 동종기원 기술이 적용된 첫 GMO라고도 볼 수 있다. 토마토를 무르게 만드는 작용을 억제하는 유전자를 토마토에서 얻었기 때문이다.

최근 소비자가 이 두 종류의 GM 기술을 구별하고 선호의 차이를 보였다는 조사 결과가 보고됐다(Science Daily, 2011. 9. 14). 미국 아이오와 대학교 경제학자 월리스 허프먼Wallace Huffman은 2001년 소비자가 GM 식품을 구매할 때 얼마나 저렴하게 구입할지에 대한 의견을 조사한 적이 있다. 당시 조사 결과 미국의 소비자는 GM 식품을 자연산 식품보다 15% 저렴한 정도에 구입할 의사가 있다고 보고됐다. 허프먼은 이번에는 동종기원 기술과 기존의 GM 기술이 적용된 식품에 대한 소비자의 반응을 조사했다. 대상 품목은 비타민 C나 항산화제가 첨가된 2세대 GM 식품이었다.

조사 결과 소비자는 동종기원 기술이 적용된 식품에 대해서는 자연산에 비해 25% 정도 비싸게 구입할 의향이 있다고 밝혔다. 농업 생산자의 경우 병충해와 가뭄 저항성이 발현된다면 환영한다는 입장을 보였다. 하지만 소비자는 기존의 GM 기술이 적용된다면 2001년의 경우와 유사하게 더 비싼 값을 치를 생각이 없다고 응답했다.

물론 동종기원 기술로 만든 식품은 기존 GM 식품처럼 마커, 그리고 프로모터와 터미네이터가 동원되기 때문에 이들로 인한 위해성 논란에서 벗어날 수는 없다. 하지만 다른 종에서 유래된 구조유전자의 삽입이 없기 때문에 기존 GM 기술에 비해 알레르기나 독성 유발 가능성이 줄어들 것으로 기대될 수도 있다. 또는 자연적으로도 교배가 가능한 것을 인위적으로 교배한 것이므로 기존 기술에 비해 '자연성'이 증가했다고 볼 수 있다.

한편 생명공학 기술을 적용하되 구조유전자의 삽입 자체가 없이 인간이 원하는 특성을 가진 개체를 만드는 기술이 있다. 이 개체는 GMO가 아니기 때문에 소비자에게 환영을 받을 수 있다. 이른바 마커 선발Marker Assisted Selection 기술이다. 우수한 품종의 유전자에 표시(마커)를 해둔 후 오랫동안 자연 교배를 거쳐 다양한 품종을 얻으면서 이 가운데 가장 우수한 품종을 선발하는 방식이다. 예를 들어 제초제 내성과 살충성을 갖거나 특정 영양 성분을 많이 함유한 '자연산' 품종을 얻을 수 있다.

천혜의 자연경관을 갖추고 원예와 낙농의 천국으로 불리는 지구 남반구의 섬나라 뉴질랜드는 한국보다 2.5배 정도 큰 땅덩어리에 인구는 400만 명에 불과한 '전통적인 농업국'으로 알려져 있다. 그래서 현대 생명공학과는 거리가 먼 것처럼 인식돼온 것이 사실이다. 하지만 뉴질랜드는 유전자 연구를 통해 생전 처음 보는 과일을 개발해왔다. 바로 마커 선발 기술을 활용한 사례이다. 뉴질랜드는 자연을 훼손하지 않으면서 인간 복지에 기여하는 생명공학을 추구하고 있는 것으로 유명하다.

일례로 뉴질랜드 오클랜드에 위치한 원예연구소HortResearch는 2000년대 중반 총천연색 '방울키위'를 개발해 세계 시장에 선보였다. 원예연구소는 뉴질랜드 정부출연연구소CRI 아홉 개 가운데 하나로 과일이나 채소 등 식품을 주도하고 있다. 1990년 제스프리라는 회사와 속이 노란 골드키위를 개발해 매년 2억 뉴질랜드 달러(약 1300억 원)의 수익을 올리는 히트 상품을 내놓았다. 골드키위는 기존의 초록색 키위보다 부드럽고 향기가 좋으며 비타민 C가 30% 이상 풍부하다.

이후 원예연구소는 껍질을 매끈하게 만들어 아예 깎을 필요가 없고 한입에 들어갈 크기의 방울키위를 개발했다. 그리고 2006년 3월에는 '속살'이 빨간 사과를 처음 개발했다. 한입 베어 물었을 때 속이 불그스름한 것이 예쁘기도 하지만 안토시아닌anthocyanin이라는 항산화 물질이 많이 들어있어 건강식품으로도 인기를 끌고 있다.

이런 희귀 과일을 어떻게 만들고 있을까. 과일의 맛이나 색깔을 담당하는 유전자를 대량 삽입한 GMO가 아니다. 암수 종자를 다양한 조건에서 교배해 이 가운데 돌연변이를 찾아낸다. 이 돌연변이에서 특정 기능을 발휘하는 유전자의 염기 서열을 확인해 별도로 표시해둔다. 그리고 교배를 계속 수행하면서 표시해둔 염기 서열을 갖고 있는 개체를 계속 발굴한다. 기간이 만만치 않게 오래 걸린다. 골드키위만 해도 개발하는 데 12년이 필요했다.

2006년 당시 뉴질랜드는 GMO 생산이 법적으로 금지돼있었다. 외래 유전자를 삽입했을 때 인체와 환경에 어떤 영향을 미칠지 모르기 때문에 모든 과일과 채소는 철저히 전통 교배 방식을 따라 생산했다.

이런 연구 과정을 통해 뉴질랜드는 과일의 특성을 나타내는 유전자 연구로는 세계에서 선두 주자로 달리고 있다. 2006년 3월 원예연구소는 사과의 맛, 향기, 색깔, 영양분 등을 담당하는 5만여 개 유전자를 공개했다. 이 정보를 이용해 유전자 검사를 하면 새로운 돌연변이 과일을 골라내는 기간을 크게 단축할 수 있다.

국내에서도 비슷한 소식이 매스컴을 통해 곧잘 들려오고 있다. 2008년 3월 농촌진흥청은 보도 자료를 통해 산하 작물과학원에서 문중경 박사가 이끄는 연구진이 마커 선발 기술을 이용해서 세계에서 처음으로 콩 모자이크바이러스 병에 저항력을 갖는 '신화콩'을 개발했다고 밝혔다. 일제강점기 때 미국으로 반출된 국내 재래종 콩PI 96983의 유전자 Rsv1이 강력한 내병성을 지니고 있다는 점을 확인하고, 이 유전자를 바이러스 병에 취약한 콩나물용 콩인 소원콩에 '이전'해 신화콩을 개발했다. 여기서 '이전'이란 외래 유전자의 삽입을 의미하는 것이 아니라 교배 방식으로 유전자를 갖게 됐음을 뜻한다.

보통 전통 육종 방식으로 새로운 품종을 개발하는 데 걸리는 기간은 11~18년에 달한다. 하지만 연구진은 마커 선발 기술을 활용해 연구 개발 기간을 6년으로 단축했다.

보도 자료에 따르면 신화콩은 모자이크바이러스 병에 태생적으로 강하기 때문에 재배하는 데 농약을 사용하지 않아도 된다. 수확량도 일반 콩보다 높았다. 또한 콩에 함유된 건강 기능성 물질인 아이소플라본 함량이 3,590μg/g으로 기존 최고 함량 품종보다 24%나 많았다.

당시 문중경 박사는 같은 기술을 활용해 향후 "질소 비료를 사용하지 않아도 잘 자라는 콩, 비린내가 없고 알레르기를 일으키지 않는 콩 등 새

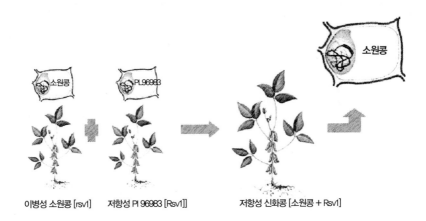

이병성 소원콩 [rsv1]　　저항성 PI 96983 [Rsv1]]　　저항성 신화콩 [소원콩 + Rsv1]

| 신화콩 개발 과정. ⓒ 농촌진흥청

로운 기능성 품종들이 조만간 우리 식탁에 오를 것"이라고 밝혔다.

농촌진흥청은 2012년 9월, 이번에는 탄저병에 저항력을 가진 고추 품종을 세계 최초로 개발했다고 밝혔다. 탄저병은 한국을 비롯한 동남아 지역에서 고추 농사에 가장 큰 피해를 입히는 질병이다. 매년 한국에서 탄저병으로 인한 피해액은 1000억 원에 달한다고 알려졌다.

농촌진흥청 차세대바이오그린21사업단 산하의 식물분자육종사업단의 윤재복 박사 연구진은 탄저병에 저항력을 가진 남미 지역의 고추에서 관련 유전자를 찾았다. 이를 국내 종자와 교배시키면서 마커를 이용해 관련 유전자를 가진 개체를 골라냄으로써 신품종을 개발했다.

GMO의 안전성을 우려하는 소비자라면 이 같은 소식에 반가운 마음이 들 것이다. 그리고 이런 궁금증이 따를 수 있다. GM 기술을 사용하지 않고도 비슷한 효과를 낼 수 있는 농산물을 생산할 수 있는데, 왜 GMO는 계속 개발되고 있는 것일까.

현실은 그리 간단치 않다. 과학기술계에서 마커 선발 기술은 신품종을 얻어낼 수 있는 육종 기술 가운데 하나일 뿐이다. 그리고 마커 선발 기술은 GMO의 개발에도 중요하게 활용될 수 있다. 구조유전자가 제대로 삽입됐는지 여부를 확인하는 데 유용하게 쓰일 수 있기 때문이다. 따라서 GMO 개발자 입장에서는 두 가지 기술이 모두 필요하다.

최근까지 보고에 따르면 세계적으로 마커 선발 기술을 적용해 GMO를 개발하고 있는 현황에 대한 데이터는 아직 제대로 확보되지 않고 있다. 다만 2006년 한 보고에 따르면, 옥수수 개량이 활발한 독일과 프랑스의 다섯 개 업체를 상대로 인터뷰한 결과 모두 마커 선발 기술을 사용하고 있다고 한다(Arundel & Sawaya, 2009: 31-32). 이 가운데 전체 우수 품종 개발에서 마커 선발 기술이 차지하는 비율은 한 대기업의 경우 100%, 한 중소기업은 33%였다. 또한 2006년 유럽종자연합European Seed Association이 유럽 종자 시장 매출액(79억 달러)의 50%를 차지하는 41개 회원사를 대상으로 조사한 결과 500여 명의 종업원을 가진 25개(61%) 회사가 기존의 GM 기술을 적용하고 있는 반면, 나머지 16개 회사는 마커 선발 기술을 비롯한 다른 대안을 탐색하고 있었다.

그러나 마커를 찾는 비용이 상당히 크기 때문에 마커 선발 기술의 현실적 적용에는 아직까지 경제적 장벽이 존재한다. 그럼에도 일단 마커를 찾으면 품질 개량을 위한 개발 속도가 기존 GM 기술에 비해 빠르다는 장점이 있어 선진국에서 GMO를 만들 때 이미 마커 선발 기술을 함께 사용하고 있을 것이라는 예측이 나오고 있다.

한국 정부의 로드맵을 살펴봐도 이 사실을 짐작할 수 있다. 차세대바이오그린21사업단에는 식물분자육종사업단과 함께 GM작물실용화사업단, 차세대유전체연구사업단 등이 포진해있다. 그리고 개발된 마커는 GMO 개발에 활용될 수 있도록 이들 사업단 사이에 상호 협력이 이뤄질 계획이다.

부록

:: 서문

현대사회에서 과학기술의 영향력은 날이 갈수록 커지고 있고, 누구도 그 영향력에서 벗어나서 살 수 없다. 시민들은 정치·경제적인 차원에서 민주화를 위해 투쟁해왔고 그로 인해 어느 정도 그 성과를 얻어냈다. 그러나 과학기술 분야에 있어서 시민이 참여할 수 있는 통로는 지극히 제한되어있었고, 과학기술자와 시민 사이의 과학기술 분야에 대한 지식의 불균형은 그러한 제한을 더욱 공고히 해왔다. 당연한 결과로서 과학기술 종사자들과 시민들 사이에서는 불신이 커지고 있고, 과학기술에 대한 정책도 시민의 요구를 적절히 수용해내지 못하고 있는 것이 현실이다.

우리 시민 패널 14인은 이러한 현실 속에서 한 가닥 작은 변화의 물결을 만들어내기 위해 합의회의에 모였다. 우리는 '유전자 조작 식품[1]'이라는 문제를 가지고 전문가들과의 만남의 문을 두드렸다. 전혀 새로운 사람들과 새로운 형식의 모임을 가지면서 시민 패널 구성원들은 어떤 부분에서는 무지로 인한 이전의 오해를 풀기도 했고, 어떤 부분에서는 오히려 더 큰 혼란에 부딪히기도 했다.

우리나라 최초의 합의회의의 시민 패널이라는 부담감으로 우리는 바쁘게 회의를 주도해갔고, 밤을 꼬박 새면서 합의회의의 결실인 이 보고서를 만들어냈다. '유전자 조작 식품'에 대해 전혀 모르는 사람들이 시민의 대표를 자청하면서 9월, 10월 두 차례의 예비 모임과 짧은 2박 3일 동안의 본회의를 통해 열심히 배우고 토론하여 만들어낸 이 보고서의 신뢰성에 대해 의심의 눈초리를 보내는 사람이 있으리라 본다. 하지만 우리는 전문가들과의 만남을 통해 결국 과학적 지식이 짧고 표현 능력이 부족하더라도 시민의 입장을 대변할 사람은 우리 스스로임을 서로가 동의해나갔고, 그래서 부끄럽지만 우리의 성과물을 우리 동료 시민들과 과학기술 정책을 수립하는 사람들에게 제시하고자 한다. 이 보고서가 정책에 적절히 반영될 수 있기를 우리는 희망한다.

....

1 '조작'이라는 말이 사회적으로 부정적인 의미를 내포한다고 해서 '유전자 조작'이라는 말보다 '유전자 재조합'이라는 말을 써야 한다는 주장을 하는 일부 전문가들도 있었으나, 우리는 이 보고서에서 중립적이고 순수한 의도에서 '유전자 조작'이라는 제목을 결정한 유네스코 한국위원회와 뜻을 같이하고자 한다.

시민 패널은 이러한 소중한 기회를 마련해준 유네스코 한국위원회와 조정위원, 전문가 패널, 프로젝트 책임자인 김환석 교수, 방청객 여러분, 그 밖에 말없이 수고해주신 모든 분들에게 무한한 감사를 표한다.

1998년 11월 16일 시민 패널 일동

:: 시민 패널 보고서 요약문

질문 1 유전자 조작 식품이란 무엇이며 그것은 필요한가?

유전자 조작 식품이 필요한가에 대해서는 우리는 합의를 이루지 못했다. 유전자 조작 식품의 필요성에 대해서는 우리나라의 낮은 식량자급도, 특정 알레르기를 가진 사람들을 위한 식품 개발 가능성, 생명공학 산업의 국제경쟁력 대비를 통한 외국 종속 탈피를 제시할 수 있다. 반면에 불필요성에 대해서는 유전자 조작 식품에 의한 식량문제 해결이라는 주장에 대해 의심의 여지가 있으며, 식량문제의 해결은 식량 증산의 문제가 아니라 사회 경제적인 모순에 의한 것이라는 점을 지적할 수 있다. 이와 함께 국제경쟁력 논리에 과도하게 의존하여 필요성을 주장하는 것을 비판한다.

질문 2 유전자 조작 식품이 인간의 건강에 미치는 영향은?

우리가 섭취하던 전통적 식품들은 오랫동안 인간의 건강에 지장이 없도록 가공하여 사용해왔으므로, 일부 유전자를 변형하여 만들어진 대부분의 식품들은 문제가 없을 것으로 기대할 수 있다. 그러나 현재까지 보고된 몇 건의 위험 사례들을 볼 때, 유전자 조작 식품의 잠재적 위험에 대해 진지하게 고려할 필요가 있다.

한편, 이러한 경계심은 지나치게 과장된 것이라는 대부분의 과학자들의 주장도 고려해볼 필요가 있다. 유전자 조작 기술을 사용해 개발한 물질을 원료로 만든 식품의 경우에 예상되는 문제점에 대해서 반드시 사전 안전성 검사를 시행하도록 하면 된다는 것이다.

우리는 일부 과학자들의 이러한 전망이 지나친 낙관이라고 본다. 건강에 대한 위험에 대해서 일부 이견은 있었지만, 유전자 조작 식품의 위험성이 현실화될 가능성을 사전에 예방하는 노력을 게을리해서는 안 된다고 믿는다. 왜냐하면 과학자들의 이러한 태도는 과학에 대한 과도한 신뢰에서 비롯된 것일 수 있기 때문이다.

질문 3 유전자 조작 농산물이 환경에 미치는 영향은?

병해충에 강한 농산물을 만들기 위한 유전자 조작은 새로운 병해충의 출현을 초래할 수 있으며, 식품으로 사용하기 위하여 유전자 조작한 생물이 환경에 방출되어 야생종보다 우월한 생존력을 가질 경우 급속히 확산되어 생물 다양성을 해치고 기존에 확립되어있는 생태계의 순환 및 의존의 사슬을 파괴할 수 있다. 시민 패널 중에 현재의 유전자 조작 기술이 안전한 환경을 보장해줄 것이라는 견해는 없었다. 다수는 안전성 확보 후에 상품화해야 한다는 데 의견을 같이했다.

질문 4 유전자 조작 식품을 둘러싼 정치경제적 이해관계는?

생명 특허를 기반으로 하여 다국적 기업들은 유전자 조작 식품의 개발, 생산, 유통, 소비 등의 전 과정에 걸쳐 자신들의 이익을 철저히 관철시켜 나가고 있다. 현실적으로 특허가 불가피하다 하더라도 그 범위는 유전자 조작 식품의 잠재적 위험성, 인간의 이익만을 위한 동물 학대 가능성 등을 신중하게 고려해 결정해야 할 것으로 본다.

유전자 조작 식품의 잠재적 위험성이 문제시되는 상황에서 검역이나 표시 비용이 적지 않을 것으로 생각되는데, 정부 예산, 즉 국민의 세금으로 부담하는 것보다는 수익자 부담 원칙에 따라 수출국에서 부담할 수 있도록 국제적 연대 등 필요한 대응을 해나가야 할 것으로 보인다.

현재 우리나라 기업의 역량이나 경제 상황으로 볼 때 생명공학 기술의 연구 개발에 있어 정부의 역할이 크다고 볼 수 있다. 따라서 정부 예산에 의한 연구 개발 투자에 대해 일반 국민이 충분히 납득할 수 있도록 개발 목적이 뚜렷해야 할 것이며, 생명공학 분야에 대한 발전 비전 및 구체적인 마스터플랜이 제시돼야 한다고 본다.

질문 5 유전자 조작 식품의 안전에 관한 바림직한 규제 방향은?

유전자 조작 식품과 관련된 연구 개발, 생산, 유통, 소비 등과 관련된 정보 공개가 실질적으로 이루어질 수 있도록 제도적 방안이 강구돼야 하며, 일반 시민이나 소비 단체가 쉽게 접근할 수 있어야 한다. 특히 표시제 등을 통해 소비자들의 선택권을 보장하기 위해서, 정부에서 도입이 추진되고 있는 '유전자 변형 농수산물 표시제'도 소비자의 권리를 보장할

생명공학 소비시대 알 권리 선택할 권리

수 있는 실질적인 내용을 담아야 한다.

표시제를 포함한 소비자 보호 수단의 확보와 유전자 조작 식품의 안전성에 대한 평가를 위해서는 책임성과 신뢰성이 있는 국가기구를 필요로 하며, 이 기구는 연구 개발, 생산, 유통, 판매, 소비 등의 전 과정을 총괄적으로 관장할 수 있도록 일원화하는 것을 검토할 필요가 있다. 한편, 안전성 평가를 위한 연구에 보다 많은 지원이 이루어짐으로써 유전자 조작 식품의 잠재적 위험성을 최소화시킬 수 있도록 노력해야 할 것이다.

소비자주권 측면에서 소비자 개개인의 권리 의식을 고양시키고 소비자 단체를 활성화시켜나가는 것이 중요하다. 한 가지 예로 현재 논의되고 있는 '생명공학안전성의정서'에 관한 정부의 입장을 정리하는 과정 자체가 공개돼야 할뿐만 아니라 구체적인 대응 방안을 수립할 때에도 시민 · 소비자 단체의 실질적인 참여 기회가 주어져야 한다고 본다.

질문 6 유전자 조작 식품의 윤리적 · 종교적 문제는 무엇인가?

유전자 조작 식품이 인간에게 전적 또는 부분적인 도움을 준다 할지라도 그 경제적 유용성과는 별개로 윤리적 측면의 고려가 반드시 전제되어야 한다는 데 우리 모두는 합의했다. 유전자 조작 식품에 관계하는 모든 과학자들은 연구 단계에서 학자로서의 지적 호기심이나 성취감 못지않게 사회적 우려에 대한 자각과 배려가 필요하다.

질문 7 유전자 조작 식품의 안전과 윤리에 대한 교육은 어떻게 해야 하는가?

과학 교육의 교과 과정에 과학—기술—사회STS적 측면을 광범위하게 고려해야 할뿐만 아니라 과학 교육이 인문·사회 교과와 협동으로 과제를 선정하고 해결하는 교과 간의 통합 운영 방법도 고려해야 한다. 그러나 학교 교육 외의 2차적인 교육 방법에 대해서 고려해야 한다.

이를 위해 공개적인 논의의 장場을 마련해주는 합의 회의나, 기술 영향 평가 제도 등을 제도화하는 일이 필요하다. 또한 전문가들은 일반 시민에게 솔직하게 정보를 제공하고, 동료 과학자 간의 비판도 할 수 있는 풍토가 조성되도록 훈련받아야 한다. 정부는 과학자들이 새로운 식품을 개발하기에 앞서 연구가 가져올 안전·윤리에 대한 위험성에 대하여 제시하도록 요구해야 할 것이다. 기업에는 소비자들이 안전·윤리에 대한 검증이 이루어지지 않은 제품에 대해 충분한 정보를 갖고 신중하게 구매하는 것이 충분한 압력이 되고, 교육이 될 수 있을 것이다.

마지막으로 교육과 관련한 이 모든 방법은 매스컴이라는 적극적인 수단을 효과적으로 이용할 수 있도록 해야 할 것이다.

:: 시민 패널 선정 주요 질문

1. 유전자 조작 식품이란 무엇인가? (동식물·미생물 포함)

① 전통적인 육종 교배 기술과 유전자 재조합 기술의 공통점과 차이점은 무엇인가?

② 국내외 유전자 조작 식품의 현황은?

생명공학 소비시대 알 권리 선택할 권리

2. 유전자 조작 식품은 필요한가?

① 유전자 조작 식품이 필요하다는 입장의 논리(예: 식량 증산, 제초제 · 살충제 · 화학비료 등의 사용 감소)와 불필요하다는 입장의 논리(예: 환경적 위험, 다국적 기업의 식량 시장 지배)는 무엇인가?

② 유전자 조작 식품이 필요하다면 왜 누구에게 필요한가?

③ 유해한 식품과 무해한 식품이 구분 가능하다면, 어떤 것이 있는가?

3. 유전자 조작 식품이 인체에 미치는 영향은?

① 유전자 조작에 의한 예측하지 못하는 알레르기 발생 가능성은?

② 유전자 조작에 의한 예측하지 못하는 독성 발생 가능성은?

③ 유전자 조작 과정에서 포함된 표지 유전자에 의한 항생제 내성의 위험성은?

④ 기타

4. 유전자 조작 식품이 환경에 미치는 영향은?

① 실험 및 생산 과정의 안전성 및 이 과정에서 발생하는 위험 물질의 처리 방법은?

② 환경 방출에 따라 예측하지 않은 유전자 전이가 초래하는 생태계의 변화는?

5. 유전자 조작 식품을 둘러싼 정치 · 경제적 이해관계는 어떤가?

① 유전자 조작 식품 산업과 그와 관련된 특허제도를 둘러싼 국제적 이

해관계는?

② 국가 안에서 유전자 조작 식품의 개발 · 생산 혹은 수입으로 이익을 보는 집단과 손해를 보는 집단은 어떻게 나뉘는가? (생산자, 소비자, 수입 업자, 연구자, 정부 등)

③ 국제 시장에서 유전자 조작 식품과 관련된 한국의 기술 수준과 상품 화 능력이 차지하는 위치 및 대처 방안은?

6. 유전자 조작 식품의 윤리적 · 종교적 문제는 무엇인가?

7. 유전자 조작 식품의 안전 · 윤리와 관련된 규제 현황 및 바람직한 방향은?

① 표시(라벨링) 제도의 국제적 · 국내적 동향은?

② 생명공학 안전성 의정서biosafety protocol를 포함한 국제적 규제의 추진 현황은?

③ 우리나라의 유전자 조작 식품의 개발과 수입에 대한 정보 공개와 규 제 현황은?

④ 유전자 조작 식품의 안전 · 윤리를 보장하기 위한 국가위원회 혹은 국가기관의 현황과 신뢰성 확보 방안은?

⑤ 소비자 권리 보호 및 소비자 운동의 활성화 방안은?

8. 유전자 조작 식품의 안전 · 윤리에 대한 교육은 어떻게 해야 하는가?

① 현재 연구자와 기업이 가진 윤리는 무엇이며, 바람직한 방향은 무엇 인가?

② 일반 시민과 연구자에 대한 생명안전·윤리 교육은 어떻게 해야 하는가?

김동광(2010), "GMO의 불확실성과 위험 커뮤니케이션−실질적 동등성 개념을 중심으로", 〈사회와 이론〉 통권 제16집, 179−209쪽.

김명진(2008. 5/6), "GM식품 논쟁의 현주소", 〈시민과학〉 제72호, 19−26쪽.

김성주(2010. 11. 30), "복제 동물 식품 단속하던 英, "안전하다"고 입장선회"(www.kotra.or.kr).

김은진(2009), 《유전자 조작 밥상을 치워라!》(도솔).

김태성 외(2010), 《유전자변형생물체LMO의 자연생태계 영향평가 및 안전관리 사업−LMO 자연환경모니터링 및 사후관리 연구(II)》(국립환경과학원).

김태성 외(2011), 《유전자변형생물체LMO의 자연생태계 영향평가 및 안전관리 사업−LMO 자연환경모니터링 및 사후관리 연구(III)》(국립환경과학원).

김형수 · 이상준(2011), "유전자 변형 대서양연어의 심사경과현황 및 전망",

〈Biosafety〉제12권 제4호, 66–73쪽.

농림수산식품부(2008. 8), "제외국 복제 동물 유래식품 안전성 평가 및 관리 동향", Agros–동향정보.

농협경제연구소(2012. 2. 27), "미국과 EU의 '유기농 인증 동등성 협약' 체결과 시사점", NHERI 주간 브리프.

박기주(2011. 7), "유전자 변형생물체LMO로 인한 환경침해 우려의 법적 대응", 〈Biosafety〉제12권 제2호, 48–56쪽.

박민선(2001), "생명공학을 통한 기업의 농업지배", 〈농촌사회〉제11집 제2호, 221–241쪽.

박원석(2010), 〈GMO/LMO 상품규제의 국제무역규범 합치방안〉(외교통상부).

박인성(2011. 6. 27), "독일, EU 유전자복제 육류 및 가공품 판매 사실상 제한 없이 수용"(www.kotra.or.kr).

송기호(2010), 《맛있는 식품법 혁명》(김영사).

식품의약품안전청(2009.6), 〈유전자재조합식품 담당자 전문교육〉(www.kfda.go.kr/gmo).

식품의약품안전청 유전자 재조합식품안전성평가 자료심사위원회(2003. 12), "유전자 재조합 옥수수(Bt176) 안전성평가 자료 심사결과".

식품의약품안전청(2011), 〈유전자 재조합식품에 대한 이해〉(www.kfda.go.kr/gmo).

윌리엄 엥달 저, 김홍옥 역(2009), 《파괴의 씨앗 GMO》(길).

이두갑(2009), 〈생명공학의 등장과 발달에서 지적재산권과 공유지식의 역할〉(과학기술정책연구원).

정명진 외(2008. 11), 〈유전자 재조합GM식품 표시제도 개정에 따른 영향분석〉(한국보건산업진흥원·식품의약품안전청).

지식경제부 외(2003), 《바이오안전성백서》.

지식경제부 외(2009), 《바이오안전성백서》.

지식경제부 외(2011), 《바이오안전성백서》.

최농훈(2009), 〈복제 동물 유래식품 현황조사 및 기준 연구〉(식품의약품안전청).

한국바이오안전성정보센터(2011. 7), 〈바이오안전성의정서와 책임 · 구제 추가
　　의정서〉.

한국바이오안전성정보센터(2012. 4), "유전자 변형콩 어디에 얼마나 이용되고
　　있을까?", 〈Biosafety〉 제13권 제1호, 68-73쪽.

한국바이오안전성정보센터(2012. 7), "유전자 변형옥수수 어디에 얼마나 이용되
　　고 있을까?", 〈Biosafety〉 제13권 제2호, 106-111쪽.

한국환경정책 · 평가연구원(2008), 〈LMO의 위해성 저감을 위한 기획 및 관리
　　기술 개발〉(교육과학기술부).

한재환 외(2009. 4), 〈GMO 생산 · 유통 실태 파악 및 GMO표시 비용/편익분석
　　연구〉(농림수산식품부).

Aizaki, H. et. al.(2011), "Consumers' Attitudes toward Consumption of Cloned
　　Beef: The Impact of Exposure to Technological Information about
　　Animal Cloning", *Appetite*, aoi:10.1016/j.appet.2011.06.011.

Arundel, A. & D. Sawaya(2009). "Biotechnologies in Agriculture and Related
　　Natural Resources to 2015", *OECD Journal* 2009/3.

Brookes, G. & P. Barfood(2012.5), *GM Crops: Global Social-Economic and Environmental
　　Impacts 1996-2010*(PG Economics Ltd.).

Brooks, K.R. & J.L. Lusk(2011), "U.S. Consumers Attitudes Towards Farm Animal
　　Cloning", *Appetite*, doi:10.1016/j.appet.2011.06.014.

Butler, L.J. & M.M. Wolf(2010), "Economic Analysis of the Impact of Cloning on

생명공학 소비시대 알 권리 선택할 권리

Improving Dariy Herd Composition," *AgBioForum,* 13(2), 194-207.

Benbrook, C.(2009. 11), *Impacts of Genetically Engineered Crops on Pesticide Use in the United States: The First Thirteen Years,* The Organic Center.

Benbrook, C.(2009. 12), *The Magnitude and Impacts of the Biotech and Organic Seed Price Premium,* The Organic Center.

Caporale, G. & E. Monteleone(2004), "Influence of information about manufactruing process on beer acceptability", *Food Quality and Preference,* 15(3), 271-278.

Chung, S. & M.G. Francom(2011. 9), *Korea-Republic of, Agricultural Biotechnology Annual, GAIN Report, KS1137,* United States Department of Agriculture.

COGEM(2009), *Should EU Legislation Be Updated?-Scientific Developments Throw New Light on the Process and Product Approaches,* COGEM Report CGM/090626-03.

Council for Agricultural Science and Technology(2009), *Animal Productivity and Genetic Diversity: Cloned and Transgenic Animals, Issue,* Paper 43, CAST, Ames, Iowa.

FDA(2008), *Animal Cloning: A Risk Assessment.*

Feight, J. & N. Zuraikat(2009), "Cloned food labeling: history, issues, and bill S. 414," *International Journal of Pharmaceutical and Healthcare Marketing* 3(2), 149-163.

Friends of the Earth Europe(2010. 12), *The socio-economic effects of GMOs-Hidden costs for the food chain.*

Friends of the Earth International(2011. 2), *Who Benefits From GM Crops?-An Industry Built on Myths.*

Golan, E. et.al. (2009), *Market Implications of Introducing Milk and Meat from Cloned Animals and Their Offspring into the Food Supply-Economic Research Report No.74,*

United States Department of Agriculture.

Graff, G.D. et. al.(2009), "The contradiction of agbiotech quality innovation", *Nature Biotechnology*, 27(8), 702-704.

Henson, S. et. al.(2008), "Understanding Consumer Attitudes Toward Food Technologies in Canada", *Risk Analysis*, 28(6), 1601-1617.

International Food Information Council(2008), *2008 Food Biotechnology: A Study of US Consumer Trends.*

International Food Information Council(2010), 2010 *Consumer Perceptions of food Technology* Syrvey.

Lusser, M. et.al.(2011), *New Plant Breeding Techniques: State-of-the-art and Prospects for Commercial Development*, EC JRC, EUR24760 EN.

Martineau, B.(2011), *First Fruit: The Creation of the Flavr Savr^{TM} Tomato and the Birth of Genetically Engineered Food*(McGraw-Hill).

Scandizzo P.L. & S. Savastano(2010), "The Adoption and Diffusion of GM Crops in United States: A Real Option Approach", *AgBioForum*, 13(2), 142-157.

Schenk, M.F. et. al.(2011), "Consumer attitudes towards hypoallergenic apples that alleviate mild apple allergy", *Food Quality and Preference*, 22, 83-91.

Science Daily(2011. 9. 14), "Consumers willing to pay premium for helathier genetically modified food: study"(http://www.sciencedaily.com/releases/2011/09/110914122654.htm).

Séralini, G. et. al.(2012), "Long term toxicity of a Roundup herbicide and a Roundup-tolerant genetically modified maize", *Food and Chemical Toxicology*, 50,4221-4231.

Siegrist, M.(2008), "Factors influencing public acceptance of innovative food technologies and products", *Trends in Food Science & Technology*, 19, 603-608.

Tang, G. et. al.(2012), "β-Carotene in Golden Rice is as good as β-carotene in oil at providing vitamin A to children", *The American Journal of Clinical Nutrition*, 96,1185S-1188S.

UK Parliament(1999), *Select Committee on Science and Technology First Report*(http://www.publications.parliament.uk/pa/cm199899/cmselect/cmsctech/286/28605.htm).

Right to Know   Right to Choose